トヨタ2000GTを愛した男たち

TEAM TOYOTAキャプテン
HOSOYA SHIHOMI
細谷四方洋

トヨタ 2000GT。1967 年の鈴鹿 1000 キロレースの時のマシン。

1965 年 10 月に第 12 回東京モーターショーでトヨタ 2000GT が発表。先進的で美しいデザインに大きな反響があった。(写真撮影：トヨタ技術部写真室)

1966 年の第 3 回日本グランプリ自動車レース大会 に使用したアルミボディのマシン。

1967 年の第 14 回東京モーターショーのため特別色のゴールドの車体が用意された。3 台製作されたゴールドのうちの 1 台。（ヤマハ発動機所蔵）

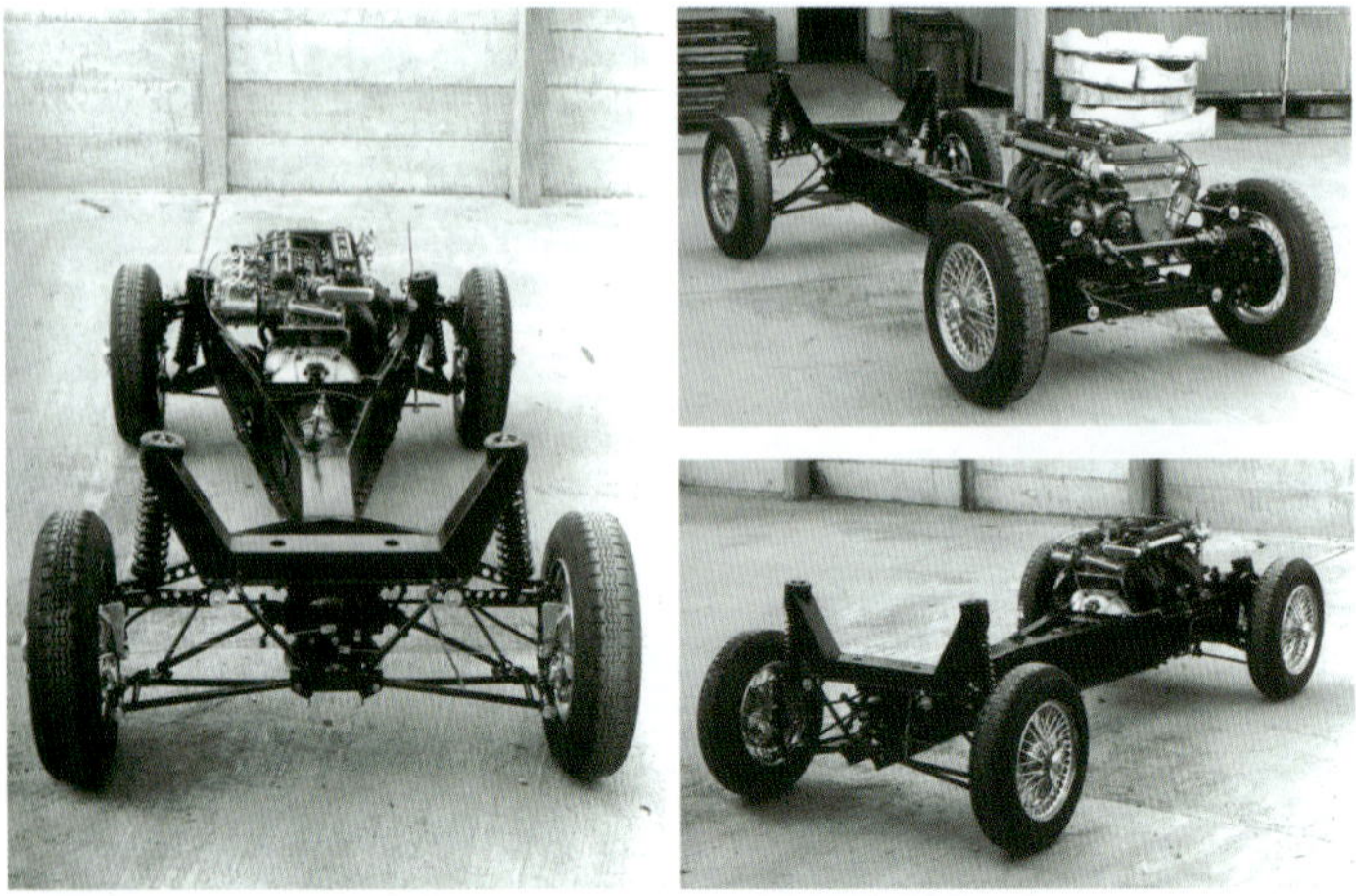

2000GT に採用されたダブルウィッシュボーン式四輪独立懸架のサスペンション、太いX型フレーム構造。（写真撮影：ヤマハ発動機）

ヤマハ磐田工場での 2000GT の生産風景。（写真撮影：ヤマハ発動機）

2000GT に搭載された、排気量 2000cc の直列 6 気筒 DOHC エンジン。
（トヨタ博物館所蔵）

2000GT の製作に携わった 6 人。著者が 40 代の頃、金沢にて撮影。
左から細谷四方洋（著者）、松田栄三、河野二郎、野崎諭、高木英匡。上部円の中、山崎進一。
（写真提供：松田栄三）

3 号車から採用されたマグネシウムホイール。軽くレースで使用するには一番の素材。経年劣化が激しい。

1 号車のワイヤーホイール。最初のテスト走行で不備が出たため、不採用となった。
（写真撮影：ヤマハ発動機）

トヨタ2000GTの1号車

1965年8月14日に完成した2000 GTの1号車。著者と河野さんでヤマハまで取りに行き、盆休みで関係者以外は誰もいない社内のテストコースに持ち込んだ。トヨタの写真室の人たちが大喜びで撮影した後、テスト走行を行った。

（1号車の写真撮影：トヨタ技術部写真室）

写真左右、ナンバープレートの書体が違うのは、2000GTのロゴを決めるために、プレートを付け替えて、写真を何枚も撮ったから。

フェンダーの盛り上がりは1号車のみの特別仕様。

1号車は1966年3月の富士スピードウェイでの練習走行中に炎上し、スクラップ状態で放置されていたが、その後スピードトライアル車として復活。世界記録と国際記録を達成する。

1969年8月にマイナーチェンジ

前期型（2号車）

後期型

後期型における一番大きな変更点はフォグランプリムが小型化されグリルと直線的に一体化し、フロントウインカーレンズの形状および大型化と白色から橙色になっている。
その他、
・リアサイドリフレクターの形状
・オイルクーラーの冷却用ルーバーパネル
・インストルメントパネル
・ステアリングホイールのホーンボタン
・ヘッドレストの追加
・ドアインナーハンドル
・クーラーの追加装備　など

（トヨタ博物館所蔵）

スピードトライアル中のピットイン。ドライバー交代し、給油から車両チェックなどメカニックが 30 秒程度で行う。

スピードトライアル終了後、車両点検を行った。

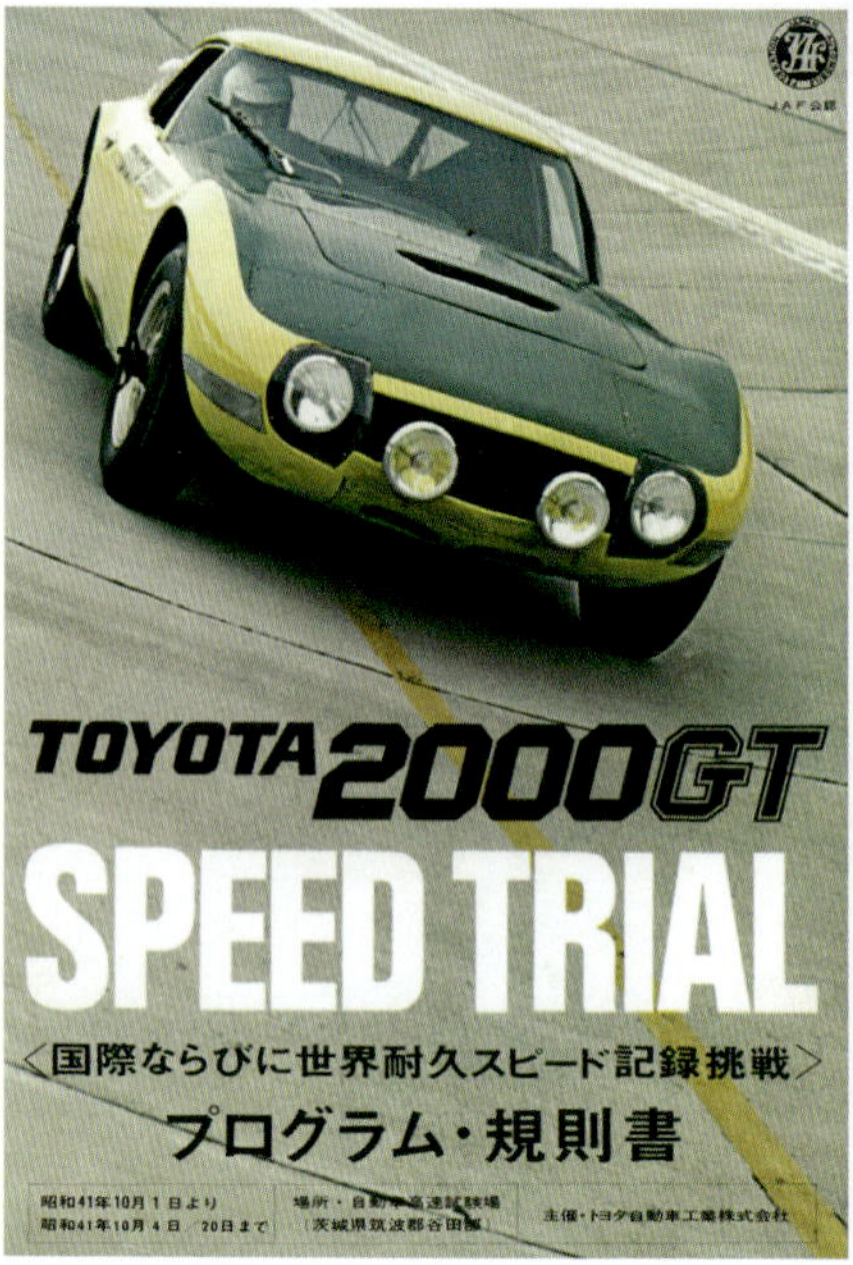

スピードトライアルは 1966 年 10 月 1 日の午前 10 時にスタートした。開催場所は茨城県谷田部にある自動車高速試験場、一周 5473 m の国際公認トラック（現在移転により閉鎖）。長時間運転するドライバーの目を疲れさせないために、車体前方のボンネットまわりがダークグリーンになっている。（本番時の撮影でないためステッカーは貼っていない）

スタート直前の写真。側面にデンソー、エッソ、NGK のステッカーが貼ってある。これらのステッカーはスタート 30 分前に貼られたため、本番時の写真かそうでないかは、ステッカーの有無で確認できる。

（8、9 ページの写真撮影：トヨタ技術部写真室）

台風通過後の夕方の写真。背景を見るとライトなど全くないことがわかる。

谷田部高速試験場の 30° バンク。台風通過時の雨でバンク内だけはハイドロプレーニング現象がなかった。

72 時間連続走行を達成したときの様子。ほぼ全員で走っていくトライアルカーを見送った。

谷田部高速試験場の 30° バンク。

記録達成後のシャンパンシャワー。左が著者で、右がラストドライバーとなった鮒子田寛。

記録達成した瞬間に 2000GT にもシャンパンシャワーがかけられた。

写真は著者。1970年７月26日の富士1000キロレースのスタート前にターボ７が２台とノンターボ７がデモンストレーションで走り、圧倒的な性能の高さを観客に見せつけた。その後、本社テストコースで撮影。（写真撮影：トヨタ技術部写真室）

2002 年トヨタモータースポーツフェスティバルで走行した時のターボ７。（写真撮影：トヨタ技術部写真室）

トヨタ7・3世代

トヨタ7（3ℓ 7）
1967年の春に開発開始。1968年1月に完成。本社テストコースにて撮影。（写真撮影：トヨタ技術部写真室）

ニュー7（5ℓ 7）
1968年5月に開発開始。1968年12月に完成。写真は富士スピードウェイ・Can-Am。（写真撮影：トヨタ技術部写真室）

ターボ7
1969年12月に開発開始。1970年4月に完成。写真は2002年トヨタモータースポーツフェスティバルで走行した時のもの。（写真撮影：トヨタ技術部写真室）

ロッキーオートのスーパーレプリカ：RHVとR3000GT

スーパーレプリカ RHV：ハイブリット車モデル。（写真提供：カーゾーン）

スーパーレプリカ R3000GT：ガソリン車モデル。（写真提供：ロッキーオート）

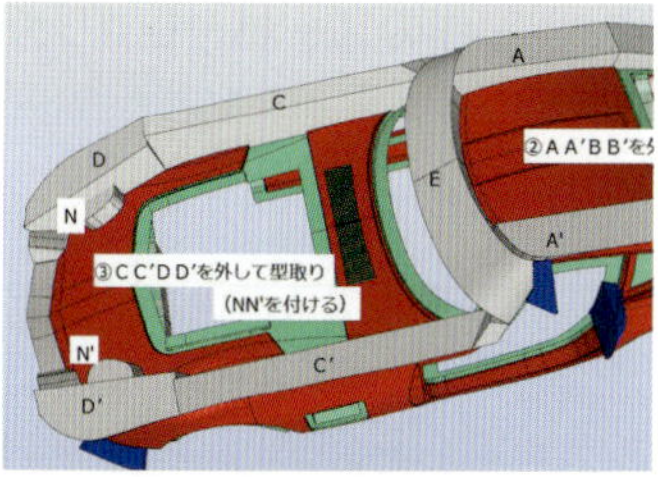

型をつくるためのデータを作成。

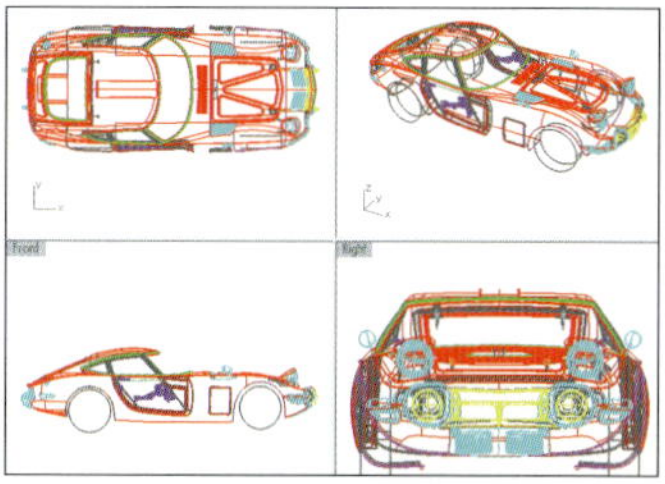

ポイント入力で作成されたCADデータ。

成形したボンネット。

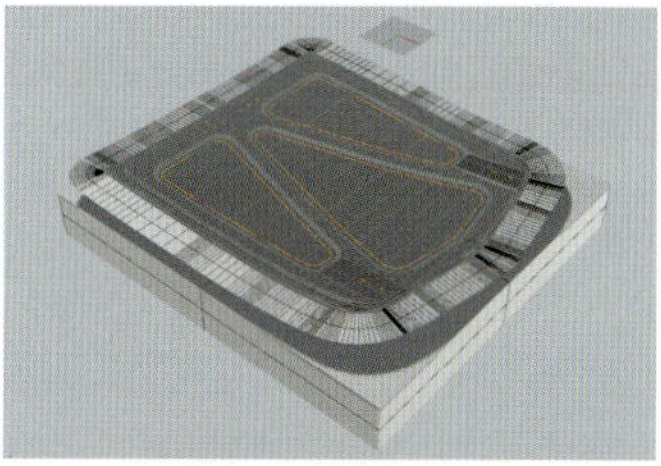

ボンネット裏の形状データ。

完成したモックアップ。

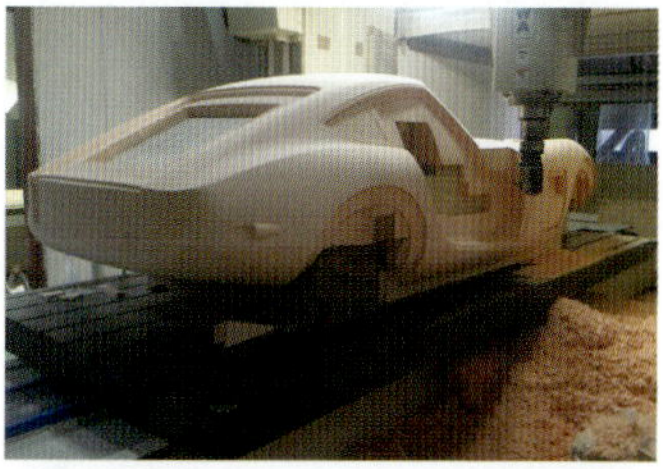

ボディ切削中。

部品の仕上がりを確認する著者。

強化プラスチック製のボディ。

（13ページの写真提供：ロッキーオート）

50周年目の8月14日、ロッキーオート製作のスーパーレプリカ R3000GTメディア発表会開催

トヨタ2000GTの1号車が完成した日からちょうど50年後の2015年8月14日にロッキーオートが製作したスーパーレプリカのガソリン車であるR3000GTのメディア発表会を開催した。そこに2000GT製作の生き証人であるエンジン／補器担当の高木英国さん、実務担当の松田栄三さんをお招きして、R3000GTを見ていただいた。

（写真提供：ロッキーオート）

トヨタ2000GT製作の生き証人である3人とR3000GT。左から高木英国さん、著者、松田栄三さん。

お二人からは共に「よくできている」と、お褒めの言葉をいただく。オリジナルでも機器類の配置に苦労された高木さんからは「今のエンジンをこのスペースによく納めたね」と笑顔でコメントしていただいた。

対談取材中。久しぶりに再会した3人でトヨタ2000GTの思い出を語り合う。この日はメディアの取材が入り、様々な雑誌に掲載された。

現存するトヨタ2000GT

2014年9月に尾道で開催された「LEGEND OF HERO TOYOTA 2000GT」で浄土寺の本堂（国宝）・多宝塔（国宝）の前で開催されたトヨタ2000GT撮影会。
（写真提供：尾道市）

トヨタ博物館展示用に製作されたトライアルカー。後のイベント時に撮影。（トヨタ博物館所蔵）

ボンドカーと著者
（トヨタ博物館所蔵）

TEAM TOYOTA とは、トヨタのレーシング活動の黎明期を支え、今に続く技術的な礎を築いた存在。「DOHCエンジン」「ラック＆ピニオン（ステアリング･ギア機構）」「ディスクブレーキ」「ターボ技術」「燃料噴射」などは TEAM TOYOTA のメンバーがレースやテストを通して量産車にフィードバックした。

（画像：TOYOTA GAZOO Racing サイトより）

2015 年のオートレジェンドのパネル前にて、ターボ 7 のレーシングスーツで撮影。

まえがき

この本が出版されるときの私の年齢は78才だ。25歳で専属テストドライバーとしてトヨタと契約。１９６０年代の日本のレース黎明期にＴＥＡＭ　ＴＯＹＯＴＡキャプテンとして様々な記録を残してレースを引退し、その後も毎年契約を延長して結局60歳までトヨタで働いた。定年してからも警察学校講師・自動車学校の技能員の指導など、まさにドライバー人生一直線だった。

この歳になって昔のドライバー仲間やレース関係者に会うと、「昔は怖くて近寄れなかった」などと言われることがある。それは僕のドライバーとしてのプロ意識、職業観のようなものが一つの原因であろうと思う。

50年前のあの時代、プロのテストドライバー、そしてレーサーというものは常に命がけの仕事であった。一瞬の気の緩みが即座に命に関わる仕事だからこそ、僕はキャプテンとしてチームの他のドライバーに対してはプロ意識を徹底させていた。僕自身も運転前の体調管理を万全にしておくことはもちろんだが、家族に対しても仕事中に僕の気の散るような行動をとることは絶対に許さなかった。だから僕は定年になるまで一度も家族を僕の仕事場（サーキット）に来させたことはない。女性同伴でレース場に来るレーサーも多い中で、僕のような者は少数派だったかもしれない。

家内が僕のドライビングを見たのは２００２年のトヨタモータースポーツフェスティバルでターボ７を運転した１度きり。富士スピードウェイの直線コースを時速３００㎞／ｈ以上で走らせたのを見て、ビックリして目を丸くしていた。家内は６年前（２０１０年10月１日享年73歳）に亡くなったが、仕事一辺倒だった僕に代わって家庭・家族を守り続けてくれた。亡くなったときは悲しみで虚脱状態になるほど、家内と一緒に暮らした52年間の日々はとても楽しく幸せだった。僕を信じて、信念・生き方を貫かせてくれた家内には本当に感謝している。

僕は今まで数多くの取材を受けてきたが、紙面や時間の都合で内容が切れ切れになってしまったり、やりとりがうまくいかずに意味合いや事実と違う文章が掲載されてしまうこともあった。自分のこれまでの人生や２０００ＧＴのことをもっとしっかりとした形で残したいと常々思っており、三妻自工さんのブログ（http://mizma-g.cocolog-nifty.com/）に何度か寄稿してきた。

自分なりにしっかりまとめたと思うが、やはりまだ書き足らないことがある。パソコンが得意ではなく、なかなか自分では文字が打ち込めない。そこで今回は今まで打ち込んだ文章も生かしてもらいつつ、僕の言葉を聞き取って文章にしてもらう形で書籍にしていただくことにした。ただこの歳になると一つ一つの出来事の記憶は鮮明に覚えていても、年代や順序がどうしても曖昧になってしまう。この書籍についても当時２０００ＧＴ製作の仕事に携わった高木英匡さんや松田栄三さんにフォローしていただいて、時間的な流れとしてはどこよりも正しいものにすることができたと思う。

特に２０００ＧＴの写真に関しては、松田さんが当時のトヨタ技術部写真室から写真の紙焼きをもらってきて自宅で寝る間も惜しんで記録を残してくれたからこそ、今の世に残る写真も多い。僕の書籍の写真の多くも松田さんが提供してくれたものだ。

これらの色あせたモノクロ写真が僕には黄金のように輝いて見える。それほどに１９６０年代は光り輝いていた。その中でもトヨタ２０００ＧＴに関わった日々は、私の人生の中でも特別なものになっている。製作スタッフに名を連ねたことで開発の過程をすべてこの目で見ることができた。レーサーとしては２０００ＧＴで勝利し、スピードトライアルで世界記録も打ち立てた。少し時を隔ててトヨタ博物館において、ボンドカーの修復やスピードトライアルカーの修復にも携わることができた。

そして50年前にメーカーの手を離れた２０００GTはオーナーの方々と共に歴史の中で新たな価値を育んで、表舞台に再び登場してきた。１億２０００万円という日本車最高価格はオーナーたちが守り続けたことで得た勲章のようなものだ。

今また、トヨタ２０００GTの魅力に引き寄せられて人が集い、新たなプロジェクトがスタートしていく。この書籍もしかりだ。トヨタ２０００GTを核にして繋がっていく人々が私のまわりに広がっていく。この歳になって必要とされるなんて、本当に楽しくうれしいことだ。

この書籍をつくるにあたり、僕の人生を変えた岡本節夫さん、輝かしい日々をともに歩んだ高木英匡さんや松田栄三さん、帯を書いてくださった三本和彦さん（本を書いたら帯を書いてもらうのは30年前からの約束でした）、トヨタ博物館の方々のご協力、いろいろ手伝っていただいたロッキーオート社長の渡辺喜也さん、オートレジェンド事務局長加藤俊介さんのご尽力、制作出版に関わった方々、そしてこの本を手にとって読んでくれるすべての読者の方に、重ねてお礼を申し上げます。

目次

目次

目次

第1章

TEAM TOYOTAキャプテン

細谷《HOSOYA》四方洋《SHIHOMI》

原爆と父の遺言

僕の父は広島に落とされた原爆で亡くなりました。

僕は1938年（昭和13年）生まれで広島県の尾道《おのみち》に住んでいましたが、第二次世界大戦の終戦の2年前から一時期、世羅《せら》郡甲山《こうざん》町にある母方の実家に疎開していました。実家は橋川さんといって、そこで従姉妹たちと一緒に国民学校に通っていたんです。

疎開したのは母と僕と二人の妹だけ。警察官だった父は広島市で勤務しており、原爆の落とされた1945年8月6日午前8時15分頃に、爆心地である原爆ドームからほんの100メートル離れた警察署の屋上でラジオ体操をしていたそうです。

屋上のエントランスのひさしの陰にいたおかげで親父は即死を免れた。でもピカッと光ってドーンときて目を開けたら同僚

著者が4歳頃の家族写真。このとき母のお腹の中にはもう一人の妹がいた。
父（四郎）は1945年9月7日に34歳で亡くなった。母（きみよ）は45年4月1日に54歳で亡くなった。

が何十人も焼け死んでいて地獄のような有様だったといいます。その中を親父は丸二日歩いて僕たちのいる橋川家に帰ってきました。その時はまだ元気だったんですよ。額にちょっと傷があるくらいでね。

ですからすぐに召集がかかりました。新型爆弾はピカッと光ってドーンと音がしたから「ピカドン」。その程度の知識しかなく、それがプルトニウム型の原子爆弾だなんて誰も知らなかった。放射性物質の恐ろしさも何にも知らないまま、人手が足りないから動けるなら出てこいと命令されてね。また汽車に乗って爆心地の広島まで行って3週間後、体調が悪いと今度は尾道の自宅に帰ってきたんです。

8月15日の天皇陛下のメッセージで終戦を知った僕ら家族は、疎開先から自宅に戻ってましたからね。

そうして僕と一緒に風呂に入って頭を洗っていたら、ごそっと親父の髪の毛が抜けた。「えらい髪が抜けるなぁ」とビックリしている間に全部抜けてつるっぱげになっちゃった。その時の

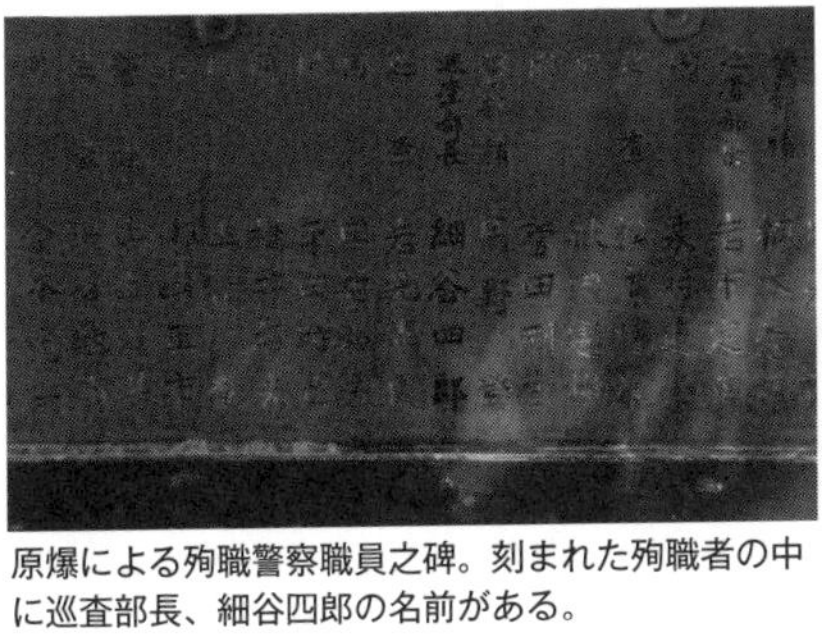

原爆による殉職警察職員之碑。刻まれた殉職者の中に巡査部長、細谷四郎の名前がある。

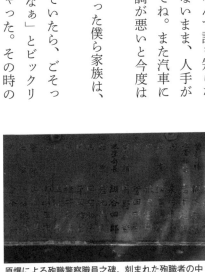

ことは今でも忘れられません。それからすぐに寝込んで二日後の９月７日の朝９時に亡くなりました。原爆症＝急性白血病だとわかったのはずっと後のことです。

親父は亡くなる寸前まで意識はハッキリしていて、家族一人一人に遺言を言い残したんですよ。僕には「おまえは何でもええから日本一になれよ」とね。僕は足が速くて徒競走はいつも一番でしたから、そんなことを思い浮かべながら言ったのかもしれません。親父はまだ34歳の若さで、わけもわからないまま死ななきゃならなかった。本当に無念だっただろうなと思います。

僕は大人になっていろんな幸運に恵まれ、いろんな人の助けを借りながら、もちろん僕自身も懸命に頑張ってレースで何度か日本一になった。親父の遺言を果たせたことであの世にいる親父も喜んでくれたかなって、墓参りのたびに親父の言葉を思い出すんです。

進駐軍とジープと初運転

敗戦直後、尾道に進駐軍が来ました。広島は原爆のせいで近づけないからってことで、交通の便が良かった尾道に進駐軍のヤード（基地）ができました。

今の尾道警察署がある新居浜地区一帯にかまぼこ形の兵舎が建てられて、すぐ北側を山陽本線が往来してて、その北側には進駐軍専用のクラブがあってね。昼間から兵隊さんたちと肩を組んでいる女性がいっぱいいて、彼女たちは「パンパン」と呼ばれていた。

子どもは「ギブミー、チョコレート」と兵隊にねだるのが当たり前。情けなくても悲しくても、食べるものがないんだから仕方がない。

僕のお袋もね、親父が死んでからというもの必死で僕らを育ててくれました。警察官でしたから恩給が出ましたが、子どもが三人いたから大変でね。闇市はもちろん、どういう伝手があったのか静岡の沼津まで尾道産の畳表を抱えて、二日がかりで売りに行ったりしてましたよ。


当時の僕は小学校3年生で、毎日のように近所の木炭バスの営業所に手伝いに行っていました。

木炭バスは原油が不足した戦中・戦後に日本で使われていて、木炭を燃やして発生したガスを燃料にしてエンジンを動かすんです。まず木炭を燃やしてガスを発生させるために送風機を手

尾道駅前の様子。（写真提供：尾道市）

尾道市街全景。（写真提供：尾道市）

動でグルグル回しつづける。これが1時間くらいかかる。それからクランクシャフトを手動で思い切り回してエンジンをかける。大仕事だから車掌は大変でね。「手伝うからバスに乗っけてよ」ってお願いすると「いいぞ」って喜んで手伝わせてくれて、700メートルほど離れた駅前の出発点まで乗せてもらってトコトコ歩いて帰る。お手伝いの報酬はただ乗せてもらうだけですが、僕にとっては車に乗れることがうれしかった。

僕が初めて車を運転したのも小学校3年生の頃でした。

ある日、進駐軍のジープが家の前に駐まっていました。何事かと思いましたが、僕の家の前に広島大学三原分校で英語を教えていた木村先生が住んでいて、進駐軍の将校が日本語を習いにきていたわけです。

ジープには運転手がいてね。授業はワンクール1時間半くらいだったか、将校が日本語を習っている間、運転手はジープで待っていたんです。僕はその運転手に「ハロー、ハロー」と一生懸命話しかけました。僕は車が大好きで、木炭バスの時のように車に関係のある人には誰にでも話しかける子どもでしたから、この時もジープに近づきたくて、触りたくて夢中でしたよ。運転手も待っている時間、暇だったからでしょう。だんだん僕の相手をしてくれるようになりました。

最初のうちは運転手が何人か交代してたんですが、そのうち同じ人になって、その運転手と半年くらいかけて仲よくなりました。その人も日本が珍しかったからでしょう。ジープに乗せて回ってくれて、ついには運転の仕方まで教えてくれたんです。

家の裏に横浜帆布を織っている大きな織物工場があって、最初はそこのグラウンドで練習しました。当時のジープはわりと簡単な構造で、セルモーターがクラッチの上にあってシートなんかを調整したら子どもでも運転できちゃうんですよ。

グラウンドをクルクル回っていてね、そのうち「GO！　GO！」って前を指さすんでそのまま外に出ちゃった。踏切をわたって本通りに出て駅の方に出て行ってね。子どもが運転してるのをおまわりさんが見てるんだけど、隣に進駐軍が乗っているから何も言えないんですよ。だから堂々と運転してました。

本当はこんなことしちゃいけません。戦後の混乱期だからできたことです。

ウィリスジープに乗車した著者。（トヨタ博物館所蔵）

進駐軍の使用していたウィリスジープ。（トヨタ博物館所蔵）

でも僕は子どもで、その時は本当に楽しかった。初めて車の運転をすることが楽しくて楽しくて仕方なかった。

それが僕の長いドライバー人生の最初の一歩でした。

爆音で飛び回るジェットエンジンのUコン

もう一つだけ僕の子ども時代のエピソードをお話ししますね。

5年生の頃だったか、進駐軍の中でUコンが流行ったことがあるんです。Uコンっていうのはラジコンが出る前の模型飛行機の一般的なとばし方で、60歳以上の人は知っているんじゃないかな。左ページの写真の持ち手から2本のワイヤー（操縦ライン）をのばして模型飛行機の機体と繋ぐ。持ち手を傾けて操縦ラインを引いたり伸ばしたりして、尾翼にある昇降舵（エレベータ）の傾きを変えて機体を操縦します。

左の写真は僕の友だちのコレクションだからすばらしくきれいですが、実際に僕らが飛ばしていたのはここまできれいじゃない。レシプロエンジンを買って、あとは自分で木を削って機体を手づくりするんだから、見かけを重視する人はあんまりいなかった。

僕はまだ子どもでエンジンなんて当然買えるわけもなく、ジープの時と同じように進駐軍の

Uコン仲間が飛ばしているところに通い詰めて、話しかけて仲良くなってね。兵隊さんの中には「お前は俺の子と同じくらいだ。俺の機体は好きに飛ばしていいぞ」と言って貸してくれる人もいた。手元の操作だけでクルクルと飛び回る飛行機に僕は興奮しっぱなしでしたよ。その頃には市民の中にもUコン愛好者が出てきて、進駐軍と一緒に千光寺のグラウンドで飛ばしていました。

Uコンの中でも小川精機製のOSパルスジェットエンジンはパワーもあり、その分轟音もすごくて基地キャンプ内で飛ばすのが禁止になったくらいでした。今回の書籍のために小川精機さんに写真をお願いしたのですが、僕らが飛ばしていたのは下の写真にある機体そのままです。レシプロエンジンと違ってロケットエンジンは機体も手作りできなくて全部セット販売されていたんですよ。

機体にガソリンを入れて空気ポンプを準備。プラグにバッテリーを繋いでUコンとワイヤーをセット。ジェットエンジンは

Uコンの機体とOSパルスジェットエンジン。機体もセットで販売された。
（写真提供：小川精機）

Uコンの機体と使用する道具。持ち手部分の形からUコンの名前がある。
（アトリエCitoreñ所蔵）

空気入れ係（これが僕）が空気を入れて、点火係がタイミングを計って点火ボタンを押す。マフラーが噴射熱で真っ赤になる前に離陸させなきゃいけない。ものすごい轟音とレシプロエンジンとは比較にならないくらいのスピードで旋回する機体は、今でも鮮明に覚えています。スピードへの強烈な憧れは子どもの頃から筋金入りだったというわけです。

※パルスジェットエンジンは戦時中にドイツ軍がロンドン空爆のために使用しました。模型用とはいえ、どうして戦後すぐの時期に武器にも使えるジェットエンジンの製造が許されていたかは疑問でしたが、写真をもらうために小川精機さんに問い合わせたら、やはり3年余で製造禁止になったとのこと。ですから僕の体験を話したらすごくビックリされていました。

二輪車天国だった日本

占領政策の一つで戦後数年の間、日本では車を作ることができませんでした。でもね、ものを運ぶのにリヤカーや自転車ではやってられないでしょ。まずは原動機（小型エンジン）付きの自転車が大流行しました。自転車にくっつけるだけの原動機をその辺の町工場がいっぱい作るようになってね。それからスクーターや小型バイクを作る会社がドンドン出てきて、戦後の日本はまさに二輪天国でしたよ。

戦後の車の生産規制が解除されたのは１９４９年。そこから日本の車の歴史が再スタートするわけですが、日本全体がまだまだ貧乏でね。庶民はがんばってがんばってスクーターやバイクがようやく手に入れられる経済レベルでした（当時のバイクは安くても15万からで、今なら100～200万円くらいの感覚です）。

僕が免許を取ったのは1954年のこと。免許を取りたくて仕方がなかったから、免許が取れる年齢＝16歳の誕生日にすぐに試験を受けに行きました。試験は2日かかって、2週間後に免許発行。当時は小型四輪・自動三輪・側車付自動二輪・自動二輪でした。

自分のバイクが欲しかったけど、実際はとても買えるものじゃない。そこでバイクに乗ることのできるアルバイトをしました。

うちの近所に船のスクリューを作っていた市八工業という会社があって、そこの専務が顔の広い方でオートバイが大好きでね。進駐軍から海外製の中古バイクを買ったりして自分でオー

ホンダ製の原動機付自転車。通称カブ。「白いタンクに赤いエンジン」のキャッチコピーで販売された。この後に発売されたスーパーカブが大当たりしてホンダは業績が急激に拡大した。
（トヨタ博物館所蔵）

トバイ屋を開いちゃった。中古といっても今でいうクラシックカーで、当時でも超高級輸入車ですよ。トライアンフ、ＢＳＡは当たり前、ヴィンセント・ブラック・ラパイド、ブラック・シャドーなんていう、今では何千万もするようなマニア垂涎のバイクもたくさんありました。

僕の仕事はバイクを取りに行ったりお客さんに納車することで、傷つけずに確実に届けることが第一なので、運転のうまいことが第一条件。僕はまあまあうまかったから信用されていて、おかげでありとあらゆるバイクに乗ることができました。１台納車すると３００円くらいポンとくれる（今だと3～5万円）。大好きなバイクに乗れてお金までもらえたから、僕にとってはこんないいアルバイトはありませんでしたよ。

高校を卒業すると今度は日立電気の特約店に就職しました。商品を配達する仕事です。配達に必要だということでバイクを買ってもらって毎日乗り回していました。バイクに乗れることで仕事を選んだようなものです。

型破りなホンダの鈴鹿サーキット建設

１９６２年にホンダがつくった鈴鹿サーキット。これは日本の車の歴史において本当にすごいことだったんです。当時二輪は50ccから２５０ccまで幅広く浸透していて、日本各地で大な

戦前・戦後の日本の自動車産業

日本の自動車産業は第二次世界大戦前までは技術的に全く欧米に届かず、ノックダウン生産（製造国が主要部品を輸出し現地で生産すること）によるGMとフォードの車で市場が独占されていました。

そんな中で日本でも自動車産業を育てようと頑張ったのが、日産の創業者鮎川義介氏やトヨタ自動車工業の創業者豊田喜一郎氏。喜一郎氏は試作車第１号として1936年にトヨダAA型をつくります。

ですが戦争はどんどん激しさを増していき、製造するのは軍用のトラックばかり。戦後のGHQの占領政策でも車の製造は規制され続けました。

1949年にようやく規制解除され、ノックタウン生産が再開される中、独自路線をすすむトヨタは1955年にクラウンRS型を発表。高級車らしい重厚な車体はタクシー業界に広く受け入れられました。この時代の車はあまりにも高価で、特別な日に合わせてタクシーなどを利用するのが精一杯。庶民が自分で車を持つのは夢のまた夢でした。

マイカーの夢が実現するのは、1955年頃から始まった高度成長期によって国民の所得はどんどん増えていき、1966年にパワーがある安い大衆車『カローラ』『サニー』が登場してからです。「マイカー、カラーＴＶ、クーラー」の３Ｃを持つことが国民の憧れとなり、本格的マイカーブームが到来しました。日本のモータースポーツはこのマイカーブームが支えとなって黄金期を迎えたのです。

初代カローラ。奥に見えるのがサニー。
（トヨタ博物館所蔵）

クラウンRS型（初代クラウン）。
（トヨタ博物館所蔵）

り小なりバイクレースが開催されていました。僕の地元でも招魂祭《しょうこんさい》という大きな祭の時には素人レーサーが参加できる5周くらいのオートレースが開催されていてね。バイク仲間と一緒によく出場したものです。

ホンダは50ccのスーパーカブ（そば屋の出前が片手でも運転できる……がコンセプトのビジネスバイク）が大当たりしてものすごい勢いで工場を拡大している最中でしたが、ホンダの創始者である本田宗一郎さんは「世界でトップを争うマシンを作ること」を本気で目指した人でした。この人の率いるホンダのすごいところは、１９５９年に世界一過酷といわれるマン島のロードレースに初チャレンジして敗北し、「世界でトップを争うマシンを鍛えるためには本格的なレースコースが必要だ。だから作る！」と、現在に換算すると２５５億円もの予算をつぎ込んで、採算なんか度外視で本当にサーキットを作ってしまったこと。

このあたりのことは大久保力《おおくぼりき》さんの『サーキット燦々《さんさん》』に詳しく書いてあるから、是非読んでいただきたい。

僕もそこから引用させていただくと、ホンダの社内にレース場建設委員会ができたのが１９６０年の秋。翌年１９６１年2月に(株)モータースポーツランド設立。同年7月に建設開始、だーれも本格的なレースコース建設の知識もないまま、試行錯誤と研究を重ねて１９６２年1月に完成しました。造ると決めて2年、実際の工事期間は8ヶ月だったという日本の底力を見せつけるような出来事だったんです。

この鈴鹿サーキットは「マシンを鍛える」という宗一郎さんの考えの通り、日本に本格的なレースブームを巻き起こして、日本の車そのものを急激に進化させました。

世界のトップレベルにある今日の日本の自動車産業があるのは、鈴鹿サーキットのおかげだと言ってもいいと僕は思っています。

棚ぼたの第1回日本グランプリ

鈴鹿サーキットのオープニングレースは、1962年11月3・4日に開催された『第1回全日本選手権ロードレース』。日本初の二輪の本格的ロードレースは、二日間で12万人の観客を集めて大いに盛り上がりました。

二輪最大のメーカーであるホンダのサーキットだから、鈴鹿は当然二輪専用のレース場だとみんなが思っていた。そんな中、今度は四輪のレース開催が発表されました。日程は1963年5月3・4日。これが第1回日本グランプリです。

四輪メーカーに何の根回しもなく開催予告されたそうで、メーカーは慌てふためきました。なぜなら、二輪は全国各地で走り屋たちが数多くのレースをこなしていたし、ホンダやヤマハ、スズキはすでに世界レベルの大会にも出場していました。ライダーにもメーカーの側にもレースというものに対する下地がそれなりにあったけど、四輪にはそんな経験がまるでない。

四輪レースはごく一部の富裕層が外車でジムカーナ（短いコースを何周か回るレース）をするか、自動車普及を兼ねたラリーが行われた程度。本格的なサーキットを使ったレースなんて未知の領域でした。予告から開催まで四ヶ月くらいじゃ、ろくな準備もできません。だからメーカーの対応はみんなバラバラ。ワークス（メーカーの専属チーム）として参加する方が少数で、トヨタも日産もメーカーとしては参加しませんでした。

まあ大手メーカーが準備もろくにできないまま参加して負けちゃったら大変だから、だいたいはクラブチームをバックアップするという形に落ち着きました。この時代のクラブチームというのは国産車の銘柄別の愛好家たちの組織のこと。トヨペット同好会を例にとって説明すると、トヨタ車のオーナーたちがドライブ会やイベントを企画して楽しむサークルのようなものです。裕福な人が多く、トヨタにとってはお得意様ということでメーカーとの繋がりも深かった。

第1回日本グランプリの参加者の多くはそういうクラブチームに所属してる人たちで、いくら個人参加でもレースで自分のところの車がみっともないことになっては困るというわけでメーカーがバックアップしたんです。

この日本グランプリに僕が参加したのは本当に「棚ぼた」でした。

僕のバイク仲間に岡本節夫《せつお》さんという人がいましてね。僕と違ってお金持ちの坊ちゃんでしたが、僕と同じようにバイクや車が大好きで、お祭りでオートレースが開催されると二人で一緒に参加して競争してました。

岡本さんはすごい経歴の持ち主でね。日本グランプリの4年前、１９５８年開催の『第１回日本一周読売ラリー』に車仲間の入船茂《いりふねしげる》さんと二人でダットサン１０００で参加して総合2位。この頃はまだ日本に車は普及してなくて、車を普及させるために日本中回ろうってことで読売新聞が主催で、通産省、外務省、運輸省、通過各都府県、そしてトヨペット同好会が後援。

関門トンネル開通記念もあり、16日間で東京から東北、北陸に回って島根鳥取、関門トンネルをくぐってUターンして、山陽から大阪、静岡、東京に戻ってくるという約４０００キロを走破する一大イベントでした。

この岡本さんが僕のドライバー人生の大恩人となるんです。

岡本さんは読売ラリーの経歴をひっさげてパブリカ広島（トヨタの販売店）と交渉して中古のパブリカ（１９６１年発売のトヨタの小型車）を借り出しました。ところが出場する準備を整えて行くばかりとなったときにお父さんが脳溢血で倒れられて、レースなんてしている場合じゃなくなった。そこで「細谷、このままじゃ払い込んだ参加費や保険の数十万円が全部無駄になる。お前の名前を補欠で登録してやるから、俺の代わりに出ないか？」とね。僕は一も二もなく「行く」と返事をして、一ヶ月も休みなんてもらえないから仕事も辞めてね、まずはライセンスをもらうためにパブリカに乗って鈴鹿の講習会に向かいました。

講習会はレースのこともよく知らない評論家みたいな先生がやっていて、正直なんだかなーと思うレベルでしたし、他の参加者も正直それほど運転はうまくなかったな。下手の横好きも多かった。そもそもまだ高速道路もない時代ですよ。舗装された道も少なく、公道の平均時速が40㎞程度なのに、サーキットではいきなり時速１００㎞以上。講習会やその後の練習会はトラブルと事故が続出ですよ。

カーブで急にドアが開いて落ちそうになった、ブレーキがすり減って停まれない、燃料タンクからガソリンが噴き出す、ドアが開かない、ハンドルが効かなくなる、フロントガラスが割れる、エンジンが止まる等々（大久保力『サーキット燦々』三栄書房より）、鈴鹿で高速走行をしたことでメーカー側は高速走行することによって起こる車のトラブルを初めて知ったわけです。どこのメーカーも大慌てですよ。

その点、トヨタはメーカーとしては参加しなかったけれど、トヨペット同好会を通じて最初から本気でバックアップをしてましたね。

で、僕の車はトヨタのパブリカだったんだけど、全くバックアップしてもらえなかった。実はね、岡本さんはトヨタ同好会が後援した4年前の読売ラリー総合2位の時、車がダットサン（トヨタのライバルである日産の車）だったでしょ。日産車で優勝争いをしてよくもトヨタを苦しめてくれたってことで、トヨペット同好会から嫌われちゃってたんだね。

レース前、他のトヨタ車がメカニックのサポートを受けている中、僕だけポツーンと一人で座ってました。何クソッて思いながら正直、心細かったですよ。

講習会とレースのために広島と鈴鹿を往復してタイヤはもうぺらぺら。パブリカのタイヤは特殊なサイズの上にレース用はトヨペット同好会が全部買い占めちゃっているから手に入らない。エンジンの調整もしたいけど、仕事を辞めた身ではプラグ一本買うのも決心がつかない。

そんな僕を見かねたのか、ダンロップの人が自分のところのホワイトリボン（乗用車用ノーマルタイヤのこと）を使わないかと言ってくれた。デンソーの人もうちのプラグ使ってくださいって持ってきてくれた。今でこそデンソープラグはすばらしいけど、当時はレースではまだ誰も使っていなくて、レースでデンソープラグを使ったのは多分僕が最初じゃないかなぁ。

タイヤもプラグもありがたく頂戴してすぐに取り付けましたよ。僕がメーカーからものをもらったのはこれが初めてです。

1963年5月3・4日、日本グランプリはロードレースの時の約2倍の23万人の大観衆を二日間で集めました。こんな大きなイベントは翌年開催の東京オリンピックくらいでした。

僕が参加したのはツーリングカー401〜700ccクラス。金がないからサーキットレンタル料を払えず事前練習が一度もできなかったので、本コースを走るのは予選が初めて。前の車についてコースを覚えてそのまま本番ですよ。

トップ争いはトヨタのパブリカ同士の競り合いになってね。運転技術では負けてないと思ったけど、同じパブリカでもレース用にセッティングされた車はやっぱり速くて、

真ん中21番が著者の乗った車。タイヤのホイールの形が違うのはホワイトリボンであるため。カーブで抜いて1位になってもこの直線で毎回抜かれてしまう。結果は3位。表彰写真は一番右が著者。(写真撮影：トヨタ技術部写真室)

カーブで抜いても直線ですぐに抜き返されちゃう。
10周する間ずっと同じことの繰り返しで、最終コーナーの時も1位だったのに、ゴール前の直線で抜かれて結局3位。もう少しゴールが手前にあったらと何度も思いましたね。

トヨタの契約ドライバーへ

日本グランプリで一番盛り上がったのが、有名な海外の高級スポーツカー（トライアンフTR4、MGA、MGB、ポルシェ、フィアットなど）と日本の国産車ダットサン・フェアレディの対決で、フェアレディが圧倒的勝利をもぎ取ったことです。敗戦国として悔しい思いをいっぱいしてきたから日本中がこの勝利に熱狂しましたよ。

国産車への信頼と関心が一気に高まったところにトヨタは「トヨタ車　出場全種目に優勝。クラウンも　コロナも　パブリカも」と大々的に宣伝してシェアを大きく伸ばしました。でもこれはちょっとずるいよね。メーカーとしては参加してないのに、結果だけを自社の車の宣伝に使っちゃったんだから。

第1回日本グランプリで一番得した自動車メーカーは間違いなくトヨタです。

他のメーカーが日本グランプリの車販売への影響力にビックリして悔しがっても後の祭り。

次こそは自分たちが優勝して売り上げを伸ばす！という意気込みで、即座に第2回日本グランプリの準備を始めました。

で、僕はというと、尾道に戻っていました。レースのために前の仕事を辞めていたんで、岡本さんのラリー仲間の入船茂さんのつくった自動車学校で先生をさせてもらっていて、その後パブリカ広島に転職。車のセールスマンになって車を売りまくったりしました。この頃は自動車に関係するすべての産業が活気にあふれてたな。

そんな中で第2回グランプリ開催の話を聞いて、何とかもう一度参加したいといろいろ算段を始めた頃、トヨタ自工の河野《かわの》二郎さんが「第2回のグランプリもある。トヨタでも今後は車の開発やレースをしていくからレースもできるテストドライバーが必要だ。骨をうずめるつもりでうち（愛知県豊田市）に来ないか？」って誘ってくださった。僕は25歳。19歳の時に結婚して子どももいたから家内や身内は心配して反対したけど、僕みたいな根っからの車好きがプロのドライバーになれるなんて本当に夢のような話でしょ。懸命に説得して、オーディションを受けて合格。１９６４年の１月１日付で常勤嘱託課長待遇のプロドライバーとして契約しました。

常勤嘱託課長待遇っていうのは、今でいうと重役クラスの待遇ですよ。タクシーは使い放題、列車は一等席（今のグリーン車）、都ホテルから給仕が来ていた食堂で食事もできた。四輪のプロドライバーのいない時代、腕のいいドライバーを確保するためにトヨタはそれだけの待遇を準備してくれたということです。

僕を誘ってくれた河野二郎さんはのちにトヨタ２０００ＧＴ製作の親方になるんだけど、この時はまだできたばかりの製品企画室で、メンバーは河野さんの下にエンジニアの高木英匡《ひでまさ》さんと水上さんという女性の三人だけ。そこに僕が入って４人でしばらく活動していました。河野さんの持論は「レースというのはテストの延長である」。だからレースで速く走ることができるのと同時に、開発車のテストができるテストドライバーが必要だったんです。

テストドライバーっていうのはただ走るだけじゃダメ。走っていて何かが違うと感じたときにすぐに車を停めて、エンジニアやメカニックに車の状態と原因となるであろう箇所を具体的に正確に伝えることが大事なんですよ。レーサーはとにかく速く走りたいって気持ちが強いし、走るための技術も持っているからちょっとくらい調子の悪い車でもビュンビュン走らせちゃう。それで結果的にエンジンを焼き付かせてバラバラにしてたらテストにならない。

開発車はそもそも未完成品なんですから故障や異常が出て当たり前。レース本番や市販の前に、その故障や異常の原因をすべて洗い出すためにテストドライバーが存在する。だからレースで速く走るのと同じくらいに、些細な異常を察知する「危機管理能力」と、車を停める「決断力」が必要なんです。

そういう意味では僕はレーサーでありながら、石橋を叩いても渡らないというくらい慎重な性格でしたからね。この仕事にはピッタリで、河野さんは運転に関しては僕のことを全面的に信頼してくれていました。

みんな優勝！の第2回日本グランプリ

この時代のトヨタは自工（車の生産部門）と自販（販売部門）、二つの会社に分かれてました。この2社でトヨタ合同スポーツ委員会が作られて、トップにはそれぞれの会社の専務が名前を連ねて、実質的な総括責任者はトヨタ自工・製品企画室課長の河野さん。僕は製品企画室所属で河野さんの運転手で、テストドライバー兼レーサーでした。

トヨタはレースをするための社内体制・組織・環境を作る方に力を傾けていて、グランプリへの準備としてはトヨタのテストコース内に鈴鹿サーキットに似た約2㎞のコースを作ったり、自工と自販それぞれがドライバーを募集して数人のドライバーと契約したりしていました。

その中にいたのが式場壮吉《しきばそうきち》君や浮谷東次郎《うきやとうじろう》君。彼らはもともと裕福で外車なんかも乗り回していたし、レースが大好きで、レースをするためにトヨタと契約したんです。他のドライバーも1回限りのスポット契約が多かった。でもトレーニングをしたりチームとしてレースをすれば団結力が生まれるでしょ。「レースが終わったから解散」じゃなく、ドライバーたちの受け皿があれば今後もレース活動しやすいだろうということで後日、アマチュアドライバーの組織としてTMSC（トヨタモータースポーツクラブ／1964年発足、JAF公認クラブ第1号）が発足します。

勝つためには速いドライバーはもちろん必要だった。だけどそれ以上に「性能のいいマシンは圧倒的に強い」ということがハッキリしたのがこのグランプリです。

2回目だし、今回は1年間の準備期間があったからね。その1年間でなりふりかまわずレース専用車を作り上げてきたのがプリンス（後に日産と合併）で、スカイラインGTは国産車の中では断トツに速かった。ああ、でもポルシェなどは別格ですよ。式場君のポルシェ904を生沢君のスカイラインGTが抜いた場面があったけど、あれは二人が友だちで式場君が抜かれた瞬間に抜き返さずにちょっと見せ場を作ってあげたというのがホントのところ。

第2回日本グランプリは1964年5月2・3日に開催。僕は前と同じツーリングカー401～700ccクラスでレース仕様にチューニングしてもらったパブリカにて出場で2位。1位もパブリカでトヨタはこのクラスの勝利は何とか守った。ちなみにこの頃からずっと僕の車のカラーは赤になってパプリカにも赤いラインがしっかりと入っています。

グランプリというのは出場する車のレースクラス区分がいくつもあって、当たり前のことだけど各メーカーそれぞれ一番得意なクラスに最大限の力を入れるんですよ。プリンスは圧倒的な強さで2勝、その他、日産、スバル、三菱、ホンダも得意なクラスで優勝して、前年のトヨタのように「プリンス優勝」「日産優勝」「ホンダ優勝」「トヨタ優勝」と各社グランプリ優勝の大キャンペーンをしたもんだから、レースを全部見てない人にはもう何が何だかわからない。我も我もとPR合戦をやりすぎちゃったわけ。これは結構批判されたみたいで、後にレース結果を車の販売PRには使わないという申し合わせがされました。

まだたった2回のグランプリだったけど、プリンスが1年でスカイラインGTを作り上げたように、サーキットで勝利するために各メーカーが車体やエンジンの構造そのものから部品の一つ一つまで徹底的に突き詰めていく体制ができつつあった。その結果、恐ろしい勢いで日本車そのものが進化し始めたんです。

トヨタ2000GT開発へ

１９６５年8月14日。この日にプロトタイプ１号車が完成したトヨタ２０００ＧＴは、その時代の日本車の中では異質とさえ思えるデザインの車でした。また今の時代でも色あせることない普遍的な美しさを持った車だと思ってます。

このトヨタ２０００ＧＴのボディデザインを担当したのが野崎諭《さとる》さん。このデザインがあまりにも当時の日本車離れしていたことからドイツのカーデザイナー、アルブレヒト・フォン・ゲルツ氏が担当したとか、開発期間が短かったことで日産のＡ５００Ｘのデザインを盗用したとか、ヤマハに開発を丸投げしてデザインを丸ごともらい受けたとか様々な俗説が流れていますが全部嘘っぱちです。

でもこれらの俗説が一人歩きした大きな理由が「車のデザインや製作に関わった個人名を決して出さない」というトヨタの方針にあったんです。トヨタでは昔から車の開発はプロジェクトチームを組んで行われていて、１台について10人くらいのデザイナーが関わっているんですよ。だから誰のデザインともいえないということはあったけど、たとえデザイナーが一人でつくったとしてもデザイナー名は出さないって方針は絶対だった。大企業だからね、融通が利かない。

野崎さんは1967年に海外の書籍『オートモービル・クウォータリー』に依頼されて記事を書いたこともあったそうで、その時にも自分の名前を記名しなかった（できなかった）ことでよけいに疑われちゃった。そりゃ当然だよね。海外じゃカーデザイナーは堂々と自分の名前を出すのが当たり前だったんだから。どんな俗説が流れてもトヨタは頑として方針を曲げず、野崎さんも退職するまで自分が2000GTのデザインを担当したことを明かさなかった。

で、野崎さんがトヨタを退職してインタビューに答えてようやく2000GT開発の全貌が明らかになったというわけ。

このインタビューを載せた『名車を生む力—時代をつくった3人のエンジニア』（いのうえ・こーいち）を読んでいただくと野崎さんがどうやって2000GTを生み出したのかがよくわかります。僕もこの本から少し野崎さんの紹介をさせていただきます。

第2回グランプリの頃から時間が1年程戻ります。

1963年（第1回日本グランプリの年です）、野崎さんは社内の若手デザイナーと一緒にアメリカのカリフォルニアにある『アートスクールセンター』（インダストリアルデザインの聖地といわれる名門校）に半年間の短期留学に行くように命じられます。ご本人はイヤだったそうですが、アメリカ滞在中に技術試験という名目でレンタカー代をいくら請求してもいいという条件で引き受けたんですね。
アメリカで野崎さんはアートスクールの刺激的な勉強以上にインパクトのある体験をされました。ここは『名車を生む力』からそのまま引用しましょう。

「ウィークエンドは毎週のように走り回っていた。何しろレンタカー借り放題の約束があったから(笑)。そう、100マイル巡行というのを経験したことがあったな。シヴォレイのフルサイズ。新車でしたね。それを借り出して、グランドキャニオンの直線道路まで行って、最高は112マイル／時(約180㎞／h)で走った。もう、初めての経験、そりゃすごいものですよ。ネヴァダ州は速度無制限だったんだけど、カリフォルニアに帰ってきたら制限60マイル、街のセンターじゃ渋滞、そのどれもこなさなきゃいけない。それが車の基本性能だなんて、その時初めて知ったようなもの。少なくとも初めて実体験したんだ」
「当時輸出していた1・5ℓのトヨタ・ティアラ（コロナ）は、実用速度100㎞／hがいいところ。フリーウェイの合流なんか、気を遣ったもの。ビヴァリイヒルズの急坂も結構いっぱいいっぱいだった。……略……そこを颯爽と飛んでいったのがジャガーのEタイプ。それも白髪のおばあちゃんが運転してるの。なるほど、高性能車とはこういうものか。スポーツカーといってもそれは速いだけのものではない、むしろグランド・トゥアラーなのだ、と」

出典：いのうえ・こーいち（2003）「名車を生む力　時代をつくった3人のエンジニア」pp.24-25. 二玄社
ISBN4-544-04342-5

野崎さんがアートスクールで学んだこと、肌で感じたアメリカのGTカーそのものが、その後のトヨタ2000GTに生かされることになりました。

たった6人でスタート

トヨタ社内で新しい車をつくるという話が持ち上がったのは、僕がトヨタと契約した頃だから、1964年の年明けかな。第2回グランプリの4ヶ月前のことです。製品企画室の責任者である河野さんにトヨタのトップから指令が下りました。

「レースで勝てる車をつくれ！」と。

トヨタは第1回グランプリの後に「トヨタ車　出場全種目に優勝。クラウンも　コロナもパブリカも」なんて大宣伝やってるわけですよ。自動車メーカー最大手の威信にかけて逃げることもできなきゃ、負けることも許されないでしょ。

この段階で48ページにもあるように、鈴鹿サーキットを真似たテストコースをつくったりドライバーを手配したりしてましたが、やっぱりレース用の車がいるだろうと（第1回グランプリ直後から開発に取りかかったプリンスに比べたら開始時期が遅かったことは否めません）。

レース用の車をつくる場合、出場するレースの車両規定にあわせて開発していくものだけど、この頃はグランプリレースを主催するＪＡＦ自体が手探りレベルで、今後のレースの方向性やルール・車両規定も曖昧な状況ですから、レース用の車といってても何をつくっていいのか、本当に誰にもわからなかったんです。

そこで河野さんは各課から数名出してもらってプロジェクトチームを結成しようとしたんですが、これがまた全くといっていいほど人が集まらない。まあ、トヨタという会社は昔も今もそういうところがあります。車が好きで好きでたまらないという社員はトヨタには正直あまり多くないんだな。だいたいが安定好きで慎重派で冒険嫌い。大手ですし、常に大局を見据えて誰もが乗れる80点の大衆車をつくるという面ではこれはよい方に働きますよ。だから単純に社風と合わなかったっていうのもあります。

でもそれ以上に「自動車レース」ってものがわかっていなかった。だって、１年前にいきなり日本に登場して大ブームになって、これからどんなふうに進むのかもわからない。誰も体験したことがない未知の世界ですよ。なのに、「絶対勝て。失敗は許さん！」となったら、そりゃ誰もやりたくないよね、よほどの車好き以外は……ね。

そこで河野さんはアメリカ帰りの野崎さんに声をかけます。帰国後の野崎さんは日本とアメリカの車社会とのあまりの格差に、今後はどういう車をつくっていけばいいのかわからなくなって茫然自失としていたそうですから、「レースに勝てる本格的な高性能車をつくらないか?」という河野さんの提案はまさに渡りに船だったといえます。

開発時期にもいろいろ説があるようですが、僕の記憶では59ページにあるようなスケジュールだったと思います。7月1日から14日までオーストラリアのアンポールトライアル(クラウンで完走)に参加していたので、正式なプロジェクトスタートはその後。1964年の8月の人事異動で野崎さんと山崎さんが正式に製品企画室主査室(河野グループ)に異動してきてからです。

野崎さんが自分と気の合った山崎進一さんをシャシー/サスペンション担当に推薦して、2000GTをつくるためのプロジェクトチームが発足しました。

こうしてできたチームが

取締役製品企画室長:稲川達
主査代行/製品企画室主担当員:河野二郎
エンジン/補器担当:高木英国
シャシー/サスペンション:山崎進一

ボディ／デザイン：野崎諭
デザインアシスタント／テスト：細谷四方洋

ここに開発テスト／レース実務担当として松田栄三さんが加わって、製品企画室の実質的な開発メンバーは河野さん以下6人（河野・高木・山崎・野崎・松田・細谷）となりました。

※もう一人水上さんという女性もいましたが、基本的にトヨタ側で2000GT1号車ができるまで開発に関わったのは、ここに名前が挙がっている方だけです。2000GTが有名になった後に関わったと自称する人たちがいますが、少なくとも僕の記憶にはありません。

5月の第2回日本グランプリの結果は49ページにある通り、パブリカで何とか1勝しましたが、プリンスはスカイラインGTを出してきた。

となると開発車の性能は当然スカイラインGT以上。なおかつ、トヨタとしては量産車にフィードバックできることなども重視してコンセプトなどが煮詰められていきました。

そうして決まった2000GTのコンセプトは
①高性能で本格的なスポーツカー。（160㎞／hで快適にドライブできる車）
②レース専用のレーシングマシンではなく日常の使用を満足させる高級車。

③輸出を考慮する。（欧米スポーツカーとの性能競合）
④大量生産を主眼とせず仕上げのよさを旨とする。
⑤レースに出場し好成績を得られる素地を持つ。

野崎さんはアートセンター時代から2000GTのデザインに近いスケッチを何枚も描いていたそうで、この頃からすでに2000GTの基本構想はできていたようです。僕らはレースに勝ちたいって気持ちだったけど、野崎さんがつくりたかったのは、車の先進国であるアメリカで快適に気持ちよく走らせることができる車だったんでしょう。

まだまだ蒸し暑い9月頃、製品企画室にでっかい方眼紙を貼り付けて1／5サイズで全体設計図の作成が始まりました。まずグランドラインを描く。それからタイヤを描いて、ボディの形を描いて、エンジンやサスペンションを描き入れては、野崎さん（ボディ担当）、高木さん（エンジン担当）、山崎さん（サスペンション担当）の3人でずっと議論していました。要するに部品の場所の陣取り合戦です。

「エンジンを入れるから車体の形を少し変えて欲しい」「ダメだ、車のデザインは絶対にこのままでいく」「これじゃキャブレターの空気の取り入れ口がない！」と、ああでもない、こう

トヨタ2000GT　開発スケジュールとその後

1963		野崎、アートスクールセンターへ短期留学
	10月	高木、製品企画室主査室へ異動
1964	1月	細谷契約ドライバーへ
	冬	トップより「レースで勝てる車をつくれ」と指令が下る
	5月	第2回日本グランプリ（パブリカ　浅野優勝　細谷2位）
	7月1～14日	アンポールトライアル（オーストラリアラリー、クラウン　完走）
	8月	野崎・山崎、製品企画室主査室へ異動、プロジェクトチーム結成。 2000GT基本構想（コンセプトなど）開始
	9月	5分の1スケールの基本計画図製作開始
	9月～10月	ヤマハの社長がトヨタに来社
	10月～11月	ヤマハと正式契約
	11月	松田、製品企画室主査室へ異動 野崎、高木、山崎の3人が浜松のヤマハ設計室に拠点をつくる ヤマハ側との打ち合わせ・細部計画スタート
	12月初め	5分の1基本計画図完成
1965	4月	トヨタ側ヤマハ側設計など完了。ヤマハ、プロトタイプ製作スタート
	8月14日	1号車（280A）完成、納品
	10月	第12回東京モーターショーでプロトタイプ発表
	11月	TEAM TOYOTA結成（齋藤尚一副社長命名）
		アルミボディ（311S）を2台製作
1966	3月	富士テスト、トヨタ2000GT　1号車炎上
	5月	第3回日本グランプリ、トヨタ2000GT（311S）細谷3位
	春～夏	2000GTボンドカーに選ばれる。製作
	6月	第1回鈴鹿1000キロレース、トヨタ2000GT（311S）　福澤／津々見組優勝　細谷／田村組2位
	10月1～4日	谷田部FIA公認記録会、トヨタ2000GTによるスピードトライアル
	10月	第13回東京モーターショーでトライアル車展示
1967	3月	鈴鹿500キロレース、2000GT鮒子田優勝　トヨタスポーツ800津々見2位
	4月8～9日	富士24時間レース　細谷／大坪組　総合優勝
	5月	トヨタ2000GT発売（238万円）2000GT総合優勝
	6月	映画「007は二度死ぬ」公開
	7月	富士1000キロレース、2000GT細谷／田村組優勝　大坪2位
	10月	2000GT第13回東京モーターショーで展示
	8月	トヨタ2000GTマイナーチェンジで後期型へ
1970		トヨタ2000GT生産終了
1987		トヨタ博物館　2000GTトライアルカー、ボンドカー復元

トヨタ 2000GT のコンセプト

トヨタ 2000GT の企画

●基本コンセプト（当時の技術レポートから要約）

1. 本格的な高性能 GT（グランドツーリングカー。100 マイル /h、160km/h で快適にドライブできる車）
2. 日常的な高品質 SC（デイリーユースのハイクオリティーカー。イージードライヴィングカー）
3. 海外市場への適合を（輸出条件への適合。欧米スポーツカーとの性能競合）
4. 量産性は重視しない（少量生産ならではの高品質な仕上げと内容を）
5. FIA の GT 級に適合（国際自動車連盟 FIA の GT 級に適合させる）

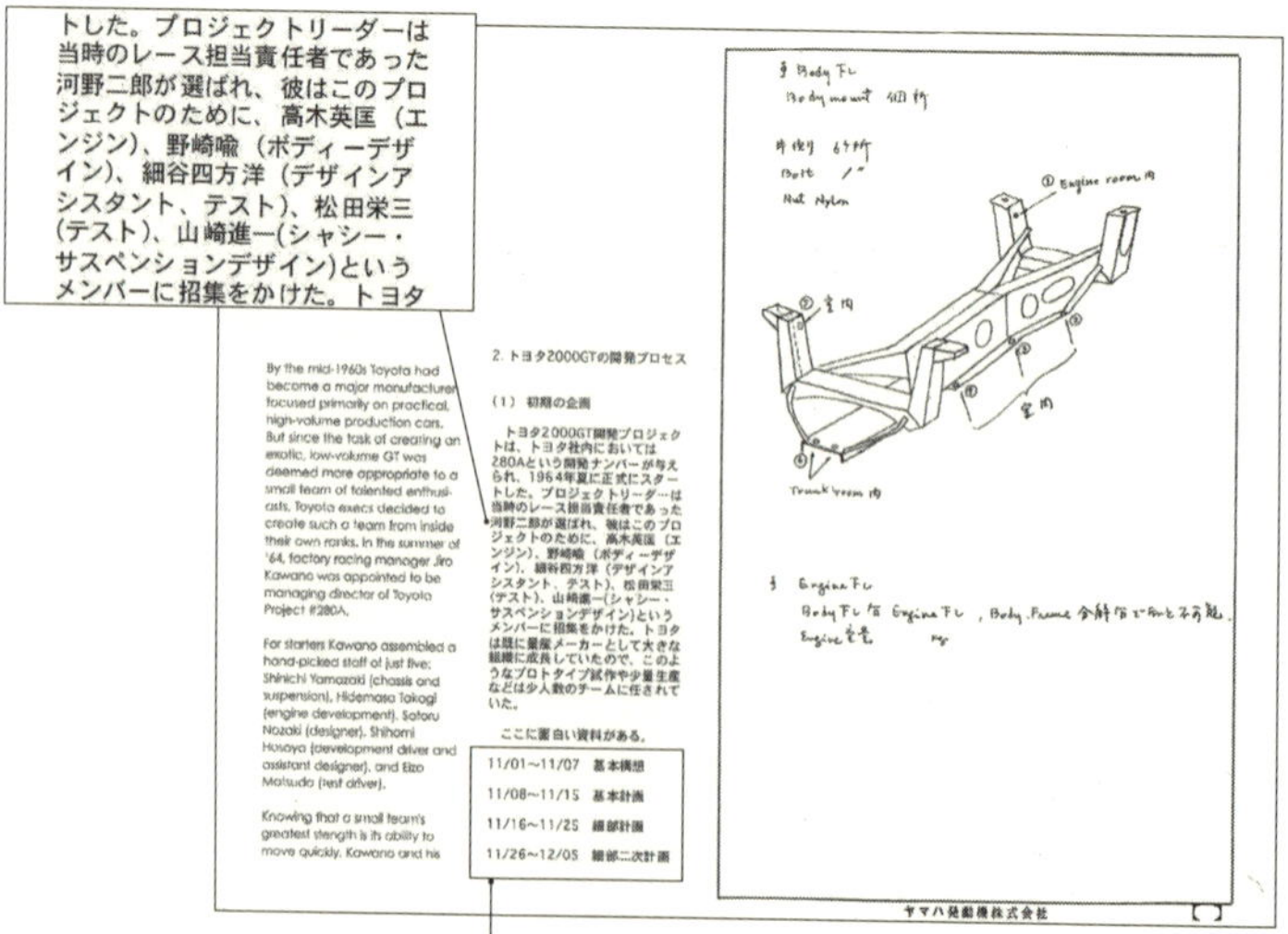

この日時はヤマハとの打ち合わせの日程と思われる。

出典：吉川信（2002）「TOYOTA 2000GT」p.16.　K.A.I　ISBN 0-932128-10-6

野崎さんのデッサン画。

野崎喩さんのデッサン画

トヨタ2000GTのデザインは、ヤマハから持ち込まれたとか、ドイツのカーデザイナー、アルブレヒト・フォン・ゲルツが手がけたという話が出ているが、それはまったくのでたらめと細谷氏。残念ながら、トヨタ2000GTのデザインを手がけた野崎喩（のざきさとる）さんは'09年1月に逝去された

『ベストカー』2016年6月10日号より転載。（協力：講談社ビーシー）

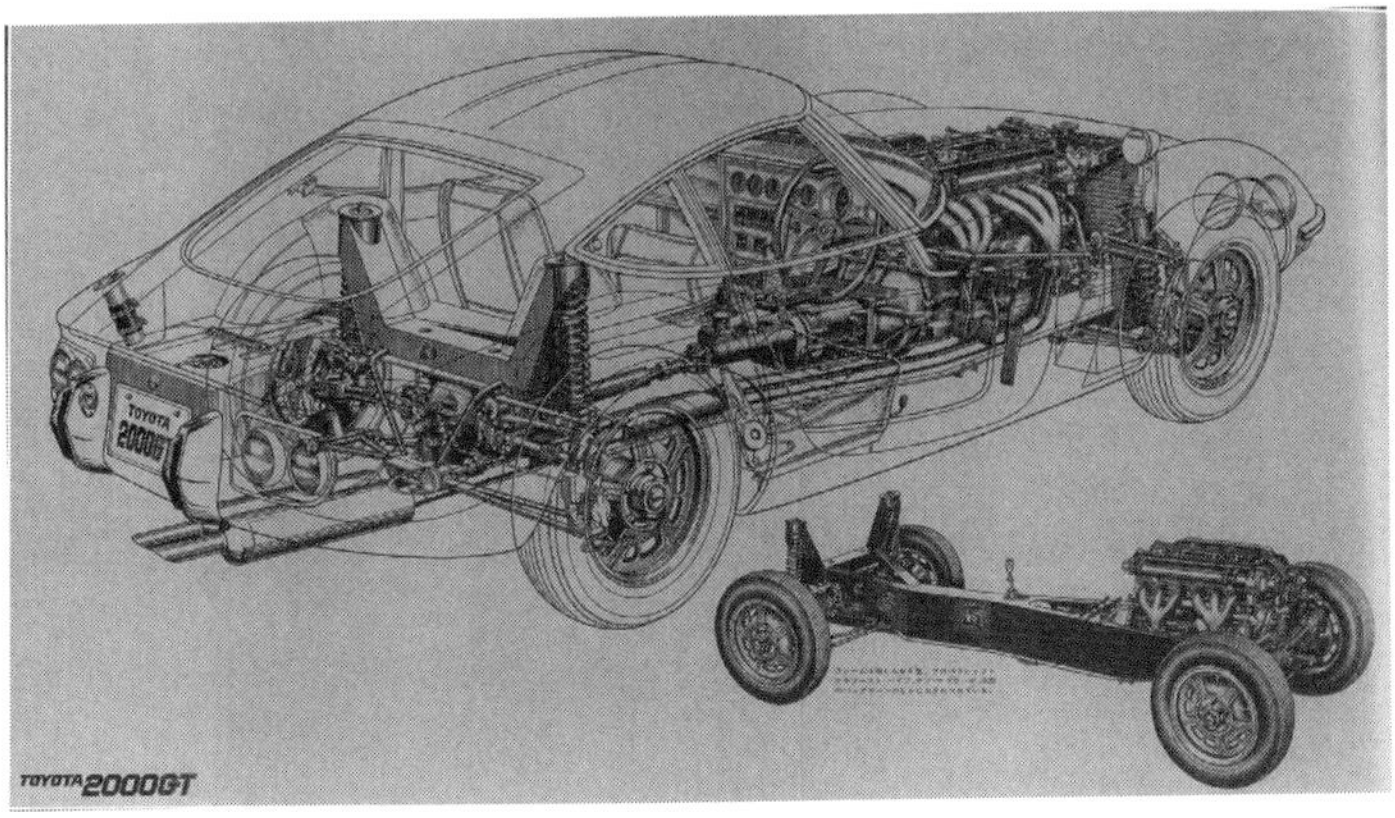

出典：吉川信（2002）「TOYOTA 2000GT」p.300.　K.A.I　ISBN 0-932128-10-6

でもないと方眼紙に部品を描き込んではそれぞれのスペシャリスト3人がお互いの主張をする。3人ともなかなか自分の意見を曲げなくてね。白熱しすぎるとリーダーである河野さんが「まあ、まあ」と仕切って、3人とも頭を冷やしたら議論再開。

2000GTは野崎さんがこだわりにこだわった形だった上に、山崎さんがダブルウィッシュボーン式四輪独立懸架のサスペンション、太いX型フレーム構造を採用したことでエンジンルームが狭かった。だからエンジン担当の高木さんが何度も頭を抱えたりしてね。バッテリー、エアクリーナーとウォッシャータンクも場所がなくて苦肉の策で側面に持ってきています。この時期は知恵を絞って、本当に色々考えていた。

最終的に3人で1／5の全体計画図としてだいたいの形が決まってきたのが秋でした。コンセプトからここまで2〜3ヶ月くらいで決めた感じですね。

野崎さんいわく、短期間で最少人数のプロジェクトチームだったからこそ、自分の思うがままのデザインができたのだということです。

※スケジュールについては『名車を生む力』で野崎さんも「プロトタイプをつくるのにゼロの状態から12ヶ月。試作の実働8ヶ月で形にしてしまった。まだ本当に試作の第1号という状態だったのに……」とあります。1966年5月の第3回日本グランプリでの2000GTデビューから逆算すると、製作期間は僕の説明通りとなります。

ベストタイミングだったヤマハとの提携

１９６４年の9月か10月頃でした。１／５の全体計画図を手直ししながら、僕らはこの車体のプロトタイプ（試作車）をどこでつくらせるか話し合っていました。トヨタ車体にするかセントラルにするか関東自動車にするか……など、いろいろ候補は挙がったんですが、全く決まらない。だってトヨタ関連の製作所には本格的ＧＴカーをつくるノウハウが全然ないんだもの。作れといってもできないだろうって。

そんな時にタイミングよく、ヤマハの社長がトヨタの社長のところに来社されたんですよ。「日産との話がポシャったんで、トヨタさん、業務提携していただけませんか？」と。

ヤマハは二輪ではすでに世界レベルのレースで戦いをしている会社で、ホンダやスズキのように自社で四輪も手掛けようとしていたんです。そこで日産と組んで、初代シルビアのプロトタイプやＧＴカー（Ａ５００Ｘ）の研究開発をしていたんだけど、さあシルビアの量産化をするぞというところになって、トップの事情で一方的に日産から契約を切られちゃった。

せっかくここまでがんばってきたものを無駄にはできない、そこで今度はトヨタに提携してもらえないかというわけです。

車体製作をする会社選考の段階で行き詰まっていたこちらとしては願ってもない申し出です。ヤマハなら技術的に何の問題もない。上層部で意見のすりあわせをして10月か11月頃には正式契約をしたと思います。

その後、野崎さん、高木さん、山崎さんの3人がヤマハの技術者と協議をして細部計画をつめていくためにヤマハ側に拠点を移すことになりました。浜松にあるヤマハの設計室の一角に部屋をつくってもらってね。引越の日はいい天気で僕もお手伝いをしました。

3人はそれぞれ、1週間のうち何日かはヤマハに出張して残りはトヨタで仕事をするという行ったり来たりの生活になりました。

※60ページの資料にある11月1日から始まる1週間刻みの基本構想・細部計画などは、ヤマハ側技術者との意見交換や技術関係の話し合いのスケジュールであると思います。

テスト兼『デザインアシスタント』？？？？

メンバーの中で僕はテストドライバーだけじゃなく、デザインアシスタントの肩書きになっているでしょ？

トヨタのデザイン部は有名芸大卒ばっかりで僕みたいな商業高校卒（広島県立尾道商業高等

学校）がデザインに関わるなんて本来、絶対にあり得ない話なんですけどね。これにはちゃーんと理由があるんですよ。

最初の1／5原図の時、野崎さんと高木さんと山崎さんの3人が交替でいろんなアイデアを出し合いながら壁に貼った方眼紙にそれぞれの担当部分を描き込んでいきました。今みたいなコンピュータじゃなく全部手書きですよ。

この頃はすごいものだと自分のデスクに座りながらただ見ていました。

全体設計図が決まると本来は、実物大の1／1原図をデザイナーが何人かで分担して2週間ほどで仕上げていくのですが、製品企画室のデザイナーは野崎さん一人だけ。だから1／1は無理ということで1／2原図を野崎さん一人で1週間で仕上げたそうです。

その原図をもとに展開して、今度は部品ごとに細部の設計図を1／1で描き上げていくのです。膨大な仕事をこなしていかなければならないのに、野崎さんのそばには細々した雑用をこなすアシスタントもいなかった。

だって6人しかいないんだから。みーんな忙しくてね。

その中で手が空いているのは僕一人。ちょうどレース活動もシーズンオフでしたし、実はその年の5月にあるはずの日本グランプリが、主催者側のいろいろな都合で1年延期になっており、延期になった1年間を2000GT開発に費やすことになっていました。僕は日本グランプリのための準備もなくなり自分のデスクに座っていることも多かった。ものすごく忙しくてネコの手も借りたい野崎さんにしてみれば、当然「細谷君、ちょっと手伝ってくれ」ってことになる。そんなこんなで野崎さんが製品企画室で図面を描くときは僕が手伝うのが当たり前の光景になって、デザインアシスタントの肩書きをいただくことになった。デザインアシスタントといっても、実際に設計図に僕が書き入れたものは何もありません。要するに野崎さんの言うがままに動く下働きの丁稚ってやつです。

このお手伝いの中で今でも一番記憶に残っているのは曲線です。野崎さんは曲線にとてもこだわっていてね。既製品の定規じゃ思い通りの線が描けないから馴染みの木型屋のところでオリジナルの定規をいくつもつくってもらっていました。その中の一つに長い曲線を引くためのバッテンって呼んでいた定規があった。

バッテンはヒノキでできていて力を入れるといい感じにしなるんですよ。それが何種類もあって、野崎さんが使いたいというサイズを僕が探して持ってくる。で、実物大の紙にバッテンで線を描くとなると大きすぎて一人じゃ手が届かないでしょ。

野崎さんが「もうちょっと、もうちょっと、そこだ！」って指示する通りに僕がバッテンをぐっと押さえる。そこでシュッと一気にきれいなラインを描いていく。

線図
スーパーレプリカ
R3000GT の CAD 画面。
（提供：ロッキーオート）

写真
2000GT の 1 号車。太陽の照り返しで野崎ラインがくっきりと見える。

野崎ラインとは、CAD 画面の太線で表したように、2000GT のボディをぐるりと一周して繋がっている美しいラインのこと。（写真撮影：トヨタ技術部写真室）

浜松にあるヤマハの工場でつくられたモックアップ（木型の実物大模型）。左下は若き日の著者がシートに座って確認しているところ。（写真撮影：ヤマハ発動機）

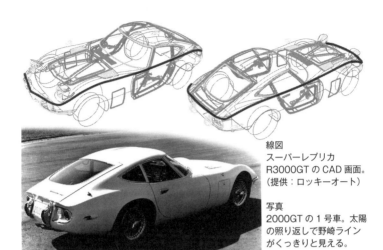

それはそれは見事なものでしたよ。

写真を見ていただくとわかるように2000GTの流れるような美しい曲線はね、1本で繋がっている。これは『野崎ライン』っていうんです。

本当に幸運なことに、野崎ラインが生み出されるその瞬間に僕は立ち会っていたんです。


翌1965年4月にトヨタ側とヤマハ側の設計関係はすべて完了。ここからヤマハのプロトタイプ製作の実作業がスタートです。時間がないからクレイモデルという粘土型をつくる手順をすっとばして、図面からいきなり木型のモックアップ（実物大の模型）製作ですから、野崎さんは週の半分以上を浜松にあるヤマハの工場に通い詰めていましたね。僕は河野さんの運転手でしたから、河野さんについて豊田と浜松とサーキットを移動する生活になりました。

67ページの下の写真は僕がモックアップで実際に視認性、ハンドル、メーター類、チェンジレバーの位置、レバー類の位置などを確認しているところです。僕もドライバーとして、パネルの配列やスピンした時に車の方向がわかりやすいようにフェンダーを少しあげて欲しいなど、いろいろ要望していましたからね。

野崎さんのデザインのアシスタントも含めて、2000GTの開発に関わった日々は当時27歳の僕にとって、とても楽しく充実したものでした。

痛恨のマグネシウムホイール

そんな状態で4ヶ月あまりが過ぎました。そして忘れもしません。8月14日に2000GTの1号車が完成しました（71ページの上の写真はこの時に納品された1号車。下はその後につくられた2号車。2号車は市販車とほぼ同じ）。構想から約1年で試作車ができたのは、まさにヤマハの力添えがあってのことです。

大型幌付きのDAトラックで河野さんと二人でヤマハの工場まで受け取りに行き、盆休みで関係者以外は誰もいない社内のテストコースに持ち込みました。トヨタの写真室の人たちが大喜びで撮影した後、初のテスト走行です。

最初に乗ったのはもちろん僕です。この時の感激は忘れませんよ。速度はゆっくり、徐々に徐々にあげていき、不具合がないかどうかに全神経を集中します。左、右に回りながら車の特性をつかんで120㎞／hくらいまで出して走り、まあ大丈夫だろうということで車を降りました。

次に乗った河野さんの第一声は「この車のポテンシャルはかなりいいぞ！」です。それから野崎さん、高木さん、松田さんと続き、技術屋さんとみんなが交代で試乗していきました。最後の人が乗ったのは午後8時くらいだったか……。ラストにもう一度僕が乗ったんですが最初と何か様子が違う。最初の走行で感じたしっかりした直進性とコーナーリング時のハンドリングが感じられない。そこでピットインして足回りをチェックすると後ろのホイールがダメ、スポークがガタガタに緩んでいて、野崎さんが「これじゃスポークじゃ持たない」と大慌てでホイールの図面を一日で書き直しました。

翌日材質を何にするかという話し合いがあって、ここで僕は材質は絶対にマグネシウムがいいと言っちゃった。この時はロータスのレーシングエランとかロータス23とかに使われている本当に美しいウエーブタイプのマグネシウムホイールが頭にあった。軽くてレースで使うには一番の素材だったからみんなも賛成してくれて、2000GTはマグネシウムホイールに決定しました。

でもね、後から「大失敗」に気がついたんです。軽くて美しいマグネシウムホイールは経年劣化が激しい。数年ならともかく、10年も経つとボロボロになって割れちゃう。だからその後知り合った2000GTのオーナーさんたちに散々文句を言われましたよ。「細谷さん、何でアルミホイールにしてくれなかったんだ」って。

だってその時には考えもしなかったんですよ。2000GTが50年以上も現役で走り続けるだなんてね。

1号車

2号車

2000ＧＴ　１号車と２号車の違い

- ·フロントピラーの位置
- ·ヘッドライトの形状
- ·ドアとリヤフェンダーのクリアランス
- ·ドアの取っ手
- ·バッテリーカバーキーなし
- ·フロントウインカー形状
- ·スピンナー形状
- ·フロントフェンダー盛り上がり
- ·フォグランプ枠の形状
- ·ワイパー(3連→2連)
- ·ハンドル
- ·メーター
- ·ラジオ
- ·時計
- ·グローブボックス
- ·サイドのエアダクト
- ·ハンドル下のS/W
  (エレクトーン スイッチ)

（写真撮影：トヨタ技術部写真室）

TEAM TOYOTA結成！

１９６５年10月に第12回東京モーターショーでトヨタ２０００ＧＴが発表されました。先進的で美しいデザインは大きな反響があり、レースだけではなくボンドカーへの使用（１０３ページコラム参照）など２０００ＧＴを取り巻く状況の方が一人歩きしていきます。

僕らの方はというと、第3回日本グランプリにターゲットを定めて着々とテストやトレーニング、そしてレースをこなしながら毎日を過ごしていました。

そうして11月、鈴鹿３００キロレース（トヨタスポーツ８００で細谷1位）の帰りのこと。齋藤尚一副社長が太っ腹でね、「細谷君の優勝祝いに、すき焼き食わせてやる」って名古屋でみんなですき焼きを食べたんです。

この齋藤副社長はレースが大好きで、レース活動も自ら率先していろいろ動いてくれていました。その齋藤副社長がこの席でいきなりですよ。

「今後２０００ＧＴでレースに参加していくならチームをつくって名前を決めなきゃならんな。よし、ＴＥＡＭ　ＴＯＹＯＴＡにしよう！　文字は全部大文字だ」

この一言でＴＥＡＭ　ＴＯＹＯＴＡ結成が決まっちゃった。

これまでトヨタ車のワークスドライバーは、トヨタ自工もトヨタ自販も僕も含めてみんなTMSC（トヨタモータースポーツクラブ）に所属していました。

このTMSCと一線を引いて、今後は2000GTのレース活動ために「トヨタ純正のワークスチーム・TEAM　TOYOTA」をつくるというわけです。

その後に正式発表されて僕がTEAM　TOYOTAキャプテンを拝命し、ドライバーは僕と田村三夫さん、福澤幸雄《さちお》君（1966年1月に加入）の3人体制※になりました。

田村さんはオートレースなどの二輪レースで活躍してから四輪に転向したベテランドライバーで、僕より少し年上だった。福澤君はあの有名な福澤諭吉のひ孫でその時は23歳だったかな、彼はとにかく速く走りたいという生粋のレーサーでしたね。

1966年1月の第1回鈴鹿500キロレースでトヨタスポーツ800で細谷1位、田村2位で総合優勝。3月の第4回クラブマンレース富士大会はトヨタRTXで細谷1位、福澤2位。でも両方ともレーシングスーツのロゴは「TMSC」で「TEAM　TOYOTA」じゃありません。

TEAM　TOYOTAはトヨタ2000GTのために結成されたチーム名だから、デビュー戦である日本グランプリから使用すると決まっていたんです。

※TEAM TOYOTAはトヨタ自工と正式に年間契約をしたドライバーが所属し、その時々でメンバーを変え、人数も変わっていきました。浮谷東次郎君はTEAM TOYOTA結成前の1965年8月に鈴鹿サーキットの練習中に事故死しています。生きていたら間違いなくTEAM TOYOTAに所属していたこと、2000GTに通じるスポーツカー哲学を持っていたことなどから、後日、僕が推薦して当時のメンバーが賛成してくれたことで「名誉会員」になっています。

無給油ノンピットで作戦勝ち

そうそう、第1回鈴鹿500キロレースのことをもう少し詳しく話しておきましょう。

2000GTはまだレースには使用できませんから、僕らはトヨタスポーツ800でこのレースにエントリーしました。トヨタスポーツ800は1965年から69年にかけて製造された小型のスポーツカーで、超軽量構造と空気抵抗の低さで、非力ながら優れた性能を発揮する車です。一方、このレースに出場する車は、怪物的な存在のロータス・レーシングエラン以下、プリンス・スカイライン2000GT、ホンダS600、コンテッサ1300クーペ、ヒルマン・インプ、MGBなどで、非力なトヨタスポーツ800のスピードでは絶対に勝てないことはわかりきっていました。

だから我々は『無給油作戦＝ノンストップで500キロを走りきる』と決めてスタートしたんです。ドライバーは僕と田村さん、トヨタ自販のエースドライバー多賀弘明さんの3人。2ヶ

トヨタモータースポーツ黎明期の主な戦歴

1964	5月	日本グランプリ（第2回）	パブリカ　浅野優勝　細谷2位
	7月1～14日	アンポールトライアル	クラウン　完走
1965	3月	ナショナルストックカーレース	クラウン 田村優勝
	10月	オール関西チャンピオン	コロナ1600S　細谷優勝
	11月	鈴鹿300キロレース	トヨタスポーツ800　細谷優勝
1966	1月	鈴鹿500キロレース	トヨタスポーツ800　総合優勝（細谷1位、田村2位）
	3月	クラブマンレース	トヨタRTX　細谷優勝　福澤2位
	3月	富士テスト	トヨタ2000GT　1号車炎上
	5月	日本グランプリ（第3回）	トヨタ2000GT（311S）細谷3位
	6月	鈴鹿1000キロレース	トヨタ2000GT（311S）　福澤／津々見組優勝　細谷／田村組2位
	10月1～4日	谷田部FIA公認記録会	トヨタ2000GTによるスピードトライアル
1967	3月25日	鈴鹿500キロレース	2000GT鮒子田優勝　トヨタスポーツ800津々見2位
	4月8～9日	富士24時間レース	2000GT細谷／大坪組　総合優勝
	7月	富士1000キロレース	2000GT細谷／田村組優勝　大坪2位
	7月	鈴鹿12時間レース	トヨタ1600GT　福澤／鮒子田組優勝
1968	5月3日	日本グランプリ（第5回）	トヨタ7　大坪8位、鮒子田9位
	6月30日	全日本鈴鹿自動車レース	トヨタ7　細谷優勝、大坪2位、蟹江3位
	7月21日	富士1000キロレース	トヨタ7　鮒子田／蟹江組優勝
	8月4日	鈴鹿12時間レース	トヨタ7　細谷／大坪組優勝、鮒子田／蟹江組2位
	8月25日	全日本鈴鹿自動車レース	鮒子田優勝、大坪2位、見崎6位
	9月23日	鈴鹿1000キロレース	トヨタ7　福澤／鮒子田優勝
	10月1～21日	コロナ発売記念、世界一周スピードラン	
	10月20日	NETスピードカップ	トヨタ7　福澤2位、鮒子田5位
	11月23日	日本Can-Am	トヨタ7　福澤4位、大坪5位、細谷6位
1969	1月19日	鈴鹿300キロレース	トヨタ7　鮒子田優勝　大坪2位
	2月12日	袋井テスト	福澤幸雄、事故死
	4月6日	鈴鹿500キロレース	トヨタ7　川合優勝
	4月20日	全日本クラブマン（富士）	トヨタ7　鮒子田優勝、大坪2位
	7月27日	富士1000キロレース	ニュー7　鮒子田／大坪組優勝
	8月10日	NETスピードカップ	ニュー7　鮒子田優勝、川合2位
	10月10日	日本グランプリ（第6回）	ニュー7　川合3位
	11月23日	日本Can-Am	ニュー7　川合優勝
1970	7月26日	富士1000キロレース前にターボ7でエキシビション走行	ターボ7細谷・川合　ノンターボ久木留
	8月26日	鈴鹿テスト	川合稔、事故死。プロトタイプレース撤退

※グレーのレースは著者、細谷欠場

月前に開催された３００キロレースでタイヤの消耗やガソリンの消費などの詳細なデータがありましたから、他の車がドンドンぶっ飛ばしても、我々はタイヤに負担をかけずマイペースに「ゆっくり」走り続けました。ゆっくりと言っても１００㎞／h以上は出てますよ。でも他が速すぎた。ロータス・レーシングエランなんかは２５０㎞／hで、ブン！と横を一瞬で通り過ぎていく。作戦とはいえサーキットの直線で１００㎞／h以上の差をつけられて抜かれたなんて初めてでした。あれは現役中でも一番怖い抜かれ方だったな。

でも速い車はそれだけガソリンを消費するから絶対に何度か給油しなければなりませんし、今では考えられないことに当時の給油所は順番待ちが出るような状態でした。半分の２５０キロを過ぎた時点で、ロータスが断トツの1位、2～4位が僕らトヨタ勢。ここまで作戦はうまくいっていました。そこで4位の多賀さんが犠牲となってピットインしてもらい本当に５００キロを走りきれるかどうかをチェックして、最後までいけると判断して作戦続行です。

速い車は限界までエンジンを回していることで壊れる確率もリタイヤする確率も上がります。独走状態だったロータスはトラブルでリタイヤし、結果的に僕と田村さんがワンツーフィニッシュを決めました。これはまさに幕下が横綱を破ったような快挙でした。

レース後「トヨタはインチキしているのでは」というクレームを受けて、すぐに満タンまで給油。給油量は55ℓでした。５００㎞を55ℓ（リッター９㎞）で走りきり、同時に一人のドライバーがノンストップで500キロを走りぬくという記録も打ち立てたんです。これ以後ドライバーは2人体制となったため、この記録は今も破られていません。

※この時に使用したエンジンはヤマハ製でチューニングもすべてヤマハが行っています。

敵から塩を送られて優勝したクラブマンレース

もう一つ、第4回クラブマンレース富士大会のことを語らせてください。これは富士スピードウェイのオープニングレースで、僕はトヨタRTXで優勝（2位は福澤君）しましたが、実はこの優勝は日産のドライバー田中健二郎さんのおかげなんですよ。

予選では福澤君が1位、健さんが2位、僕が3位でした。さあ決勝レースとなって、スタートのグリッド位置に並んで止めていたエンジンをかけた瞬間、僕の車から大量のオイルが噴き出したんです。メカニックのミスでね、オイルパイプが緩んでいたことが原因でした。

もうグリーンフラッグのカウントダウンは始まっている。このままリタイアか……とがっくりとなったその時、隣の車から健さんが飛び出して「競技長！　こんなオイルまみれじゃ危なくて走れん！　スタートを中止してオイルを処理してくれ！」と大声で叫んだんです。そして僕の方をチラと見て合図してくれた。「今のうちに修理しろ」とね。

健さんはフェアレディSで僕らの乗るRTXより圧倒的に速かった。優勝はぶっちぎりで自分がもらうから、こんなつまらんことでリタイアさせずに細谷も決勝レースを走らせてやろうという気持ちだったのかもしれません。まあ、敵から塩を送られたわけです。今はスタートもコンピュータ管理ですからこんなことはあり得ません。今から思うとおおらかな時代でした。

でも勝負はわからないもので、優勝候補ナンバー1の健さんが序盤にまさかのエンジントラブルでリタイア。そしてリタイアするはずだった僕が優勝した。

このレースの最速ラップは健さんの2分16秒04、予選でポールポジションを取った福澤君のタイム2分18秒50よりも2秒以上速かったから、リタイアしていなければ間違いなく健さんが優勝していたでしょう。

僕の優勝は健さんのおかげで、だからいつか健さんみたいに、さりげなくかっこよく恩を返したい！とずっと思っていて、結局返しそびれちゃった。

表彰台の写真。左が2位の福澤君、右が著者。後ろ姿はジム・クラーク。
（写真撮影：トヨタ技術部写真室）

スタート時、手前が著者の車、真ん中が健さんで、その向こうが福澤君の車。
（写真撮影：トヨタ技術部写真室）

あの日への感謝と共に、健さんのエピソードをここに残します。

富士スピードウェイで1号車炎上

クラブマンレースの直後のこと。着々と結果を積み重ねてグランプリに向けてテスト走行をしていた最中、２０００GTの1号車が炎上したのです。

1号車は展示会などに使用した後、練習車となっていました。２０００GTは本来スティールボディですが、アルミボディで軽量化されたレース本番用の車両（３１１S）が2台つくられて、これが細谷号と田村号になっていました。僕らは自分たちの車をそれぞれの名前で呼んでいてね。福澤君の車はまだ組み立て前だったから、練習車である1号車を使っていました。

富士スピードウェイの本コースで、福澤君の乗る1号車を僕の細谷号が追いかける形で走っていた時、福澤君の車からガソリンが漏れ出していることに気が付いたんです。慌てて30度バンクで強引に追い抜き、手でスピードを落とすように合図。福澤君もすぐに理解して速度を落として誘導する僕に続いて2台併走して慎重にピットまで戻りました。

ピットロードのガードレールを挟んで僕が本線側、彼がピット側でうまく戻れたと思ってホッとする間もなく、炎上してしまったんです。多分、エンジンを切った瞬間に発生したアフターファイヤーで引火したのでしょう。その時にマグネシウムホイールが恐ろしい勢いで燃えたことも衝撃でしたね。

間一髪で逃げた福澤君も中程度の火傷を負ってしまい、熱意を持ってトレーニングに励んでいたにもかかわらず、この怪我によって、第3回日本グランプリの出場を断念しなければなりませんでした。

その場にいた松田さん曰く「あの時は本当に焦ったね。一番近くに備え付けてあった消火器を持ってきて使おうとしたら、消火剤が全然出ない。2番目も3番目も全然出なくて全く使い物にならなかった。ガソリンはまだ残っているし、マグネシウムホイールはいつまでも燃えている。危ないからすぐにメカニックを全員遠ざけてね。結局、すべて燃え尽きるまで見ていることしかできなかったよ」

あれだけ精魂込めて作り出された1号車はここで完全に鉄くずのスクラップになってしまったんです。

富士スピードウェイのピット。
手前が著者で後ろが松田さん。
（写真撮影：トヨタ技術部写真室）

不公平な戦いだった第3回日本グランプリ

１９６６年の第3回日本グランプリは鈴鹿サーキットではなく富士スピードウェイで開催されました。実は第2回と第3回の間が1年空いています。第2回グランプリからＦＩＡ（国際自動車連盟）認定のモータースポーツ統轄機関としてＪＡＦが主催者となりました。ＪＡＦはまあ、官僚出身の役員が多くて基本的にお役所体質。最初からモータースポーツに積極的ではなかったし、大きなイベントができるほどの経済的な基盤もできていなかった。いろいろな理由はありますが、結局は鈴鹿サーキットと興行費用のことでもめて、急遽中止にして翌年から富士スピードウェイで開催されることになったんです。

第2回日本グランプリで相当数あったレースクラス区分も再編成されて3クラスに統合され、同時に車両規定も大幅に見直されました。

第1レースは排気量２０００㏄までの特殊ツーリングカークラス。

第2レースは排気量２０００㏄までのグランドツーリングカークラス（市販スポーツカー）。

第3レースは新たに新設されたプロトタイプスポーツカークラス。これがメインレースとなり、このクラスでの優勝のみがグランプリ優勝の栄誉を得られる。

２０００ＧＴの本来の性能からするとエントリーするのは第2レースがふさわしいんですが、５００台以上の販売実績が必要で、それ以下はたとえ台数限定で製造販売される市販スポーツカーでも第3レースにクラス分けされていた。だから２０００ＧＴはプロトタイプレーシングカーの参加する第3レースにエントリーするしかなかったんです。

ＧＴカーとプロトタイプレーシングカーが同じレースをするというのは、今では考えられないほど不公平な規程でした。どうして不公平になるのかということを理解してもらうために、まずＧＴとプロトタイプレーシングカーの説明をしましょう。

ＧＴはグランドツーリングカーやグランツーリスモ（大旅行という意味のイタリア語）からきていて、「長距離を高速で快適に移動出来る高性能な自動車のこと」です。高速で安全性も乗り心地もいい市販車となる車ですから、量産化を前提とした上での設計となります。

一方のプロトタイプレーシングカーは文字通りレーシング用の試作車という意味で、レース専用に数台つくるだけでいい。乗り心地も量産化も考えなくていいから車体も部品も全部レース専用オリジナル。車高も低く軽ければ軽いほど速くなるから、スピードと引き替えにあらゆるものが犠牲になります。ただただスピードだけを追求するマシンです。

どんなに２０００ＧＴをレース用にカスタマイズしたとしても、プロトタイプレーシングカーには敵いません。

レース結果は僕の運転する2000GTが3位。それも鈴鹿500キロレースの時のように無給油でピットインなしで走り続け、なおかつ前を走っていた車がトラブルでリタイアしたことで運良く3位になれたという状況だったんです。

プロトタイプレーシングカーでなければグランプリは勝てない。これがその後の日本のレースと車の方向性を「エンジンの大排気量化」へと決定づけていきます。

耐久のトヨタを印象づけた鈴鹿1000キロレース

第3回グランプリは不本意な結果でしたが、僕たちは2000GTのグランドツーリングカーとしての性能については絶対の自信を持っていました。

そのことは6月の鈴鹿1000キロレースで実証されました。敵はプライベートのロータスエランやニッサンファクトリーのフェアレディ1600で、2000GTの敵ではなく、福澤／津々見組優勝、細谷／田村組2位と、圧倒的な成績を収めました。ちなみに津々見友彦君は日産から移籍してきたドライバーで、これがトヨタでの初レースです。

このレースによって2000GTはスピードを競うスプリントレースではなく耐久レースで

こそ真価を発揮すると実証できました。

実はこのレースに関しては、僕はチームとしての勝利の歓びとは裏腹に、苦い後悔を持ち続けているんです。この鈴鹿1000キロレースは今も続いている伝統あるレースで、そのレースの第1回勝者として歴史に名を残しているのは福澤／津々見の二人だけ。これからもわかるようにレースの世界で歴史に名を残せるのは1位のみ。だから僕はよく言うんです。「1位には数十億円の価値があるけれども、2位には100万円の価値しかない。3位は1万円の価値しかない」ってね。それがレースだと僕は思っている。

このレースも最初から負けていたのならともかく、終盤まで僕らはトップを走っていたんです。このまま行けば優勝は間違いない。それなのにレース中にステアリングが破損するという信じられないトラブルが起こって結果は2位。そしてそのトラブルの原因も僕だったんです。

実は僕と田村さんは体格差があってドライビングポジションが10㎝ほど違う。レース前にパイプレンチを使ってステアリング・スポークを無理矢理二人の中間位置に加工したことで、金属疲労が起きてしまった。今でも鈴鹿に行くと関係者に言われますよ。「レース中にハンドルが折れたなんて鈴鹿の歴史の中でも細谷さん一人だけですよ」とね。僕がよけいなことをしなければこんなことにはならなかったし、1位も取れた。そう思うと本当に悔しくてね。一緒に走ってくれた田村さんには本当に申し訳ないことをしました。

スピードトライアルへの挑戦

２０００ＧＴは翌年の5月に発売が決定しており、その前にトヨタは全世界にアピールできる大きな勲章が欲しいと思っていました。そこで高木さんが世界記録挑戦について懸命に調査をし、当時フォードコメットの持つ２０２km／ｈプラス１％で「72時間走る」・「１万５０００キロメートル走る」・「１万マイル走る（約78時間走行）」この三つの世界記録を破ることが可能と判断され、トップからＧＯサインが出ました。

でも実はこれ、最初は24時間という話だったんです。それがどうせやるならこの記録やあの記録にも挑戦しようとドンドン時間が増えて、最終的に78時間（1万マイル走行に必要な時間）になった。丸三日以上ですよ。これを走りきるためにはドライバーが5人必要ということになり、津々見君と鮒子田《ふしだ》寛君がＴＥＡＭ　ＴＯＹＯＴＡに正式加入して5人体制になりました。

鮒子田君はホンダのドライバーでしたが、ビッグレースに出るならトヨタか日産がいいということで、亡くなった浮谷君のお父さんの伝手でＴＥＡＭ　ＴＯＹＯＴＡに来ました。一番の若手でした。

次は車です。耐久性の面でアルミボディより剛性のあるスティールボディがいいだろうとなったんですが、その時点で使っているスティールボディがない。世界記録挑戦だから新車を使おうという意見も出たものの、新車をわざわざスピードトライアル用のためだけに改造するのか（＝もったいない）という意見も出てきてね、そこで白羽の矢が立ったのが、なんと富士のテスト走行で炎上した1号車！

当時の1号車は本社の外山工場の片隅で黒焦げ状態で雨ざらしのまま放置してあったんだけどボディはしっかりしていたから、僕はもったいない説に乗っかって1号車を使おうと押しまくった。だってね、開発メンバーみんなであんなに一生懸命につくった1号車をスクラップ状態にしておくのが忍びなくて、できることなら復活させたかったんですよ。

ヤマハの工場でメカニックがサビを落としてペーパーで懸命に磨いてね。ロールバーも新しい物に変更、焼け落ちて何もないダッシュボードに必要なメーター類、スイッチ、無線機等がエンジニアやメカニックの必死の作業によりセットされ、1号車は世界記録挑戦車として見事に復活しました。

自動車速度世界記録の挑戦日は、１９６６年10月1日午前10時スタートとＦＩＡ世界自動車連盟に申請がされました（申請は3ヶ月前に行う）。場所は茨城にあるＦＩＡ公認の日本自動車高速試験場で、通称谷田部コース（1周5473ｍ／現在は閉鎖）です。

スピードトライアルというのは、一般的な自動車レースのように短時間の最高スピードを競うわけじゃありません。長時間にわたって超高速を持続し続ける競技です。当時のトライアルの映像記録から河野さんの言葉を借りて説明しましょう。

「何をやるにしても世界一のことをやりたいということは確かにある。もう一つは車をよくするために何か目標が欲しいんですよ。だからその目標を作った。２００何キロで80時間走るというのは難しいことだと思うんですが、２１０キロか２１５キロのスピードを出すことはわけないんです。80時間の方に問題がある。車全体としますと全部で5千点とか6千点の部品がくっついていて、そのビス一本にいたるまで完全であることが必要なんです。トライがうまくいくかどうかは信頼性との戦争のようなもの。ですけどミステイクがないなんてことはない。世の中にミステイクは必ずあるんですが、そのミステイクをいかにして処理していくかが我々の腕だと思うんですよ」

このミステイクをなくすために、鈴鹿１０００キロレースの後から4回、谷田部に遠征してテスト走行を行いましたが……、そこではもうトラブル出まくりです。

初回は僕がテストドライブ中にピストンに穴が開き、わずか半日でアウト。これは燃料を絞りすぎたことで起こりました。２回目のテストでは、１日目の夕方に南バンクの入り口で右後輪のアームが破損。スピンをして危うくバンクの外へ飛び出すところでした。

テストを通して一番難しかったのが油圧関係。エンジン回転数は常時７２００ｒｐｍくらいで速度は２２０㎞／ｈオーバー。通常のサーキットでは２００㎞／ｈを超えることはあってもせいぜい5分や10分です。それが２２０㎞／ｈのまま何時間も走り続けなきゃならない。速度が変わるというのは要するにエンジン内で負荷のかかる部分が分散するんですね。それが２２０㎞／ｈという同じ速度で走り続けると負荷のかかる部分が集中しちゃう。油圧のバランスが崩れてそこで次から次へとトラブルが発生していくというわけです。

ヤマハ側のレース担当窓口だった田中課長の技術＆アイデアで、潤滑方式を強制ドライサンプにつくり替えて油圧の心配もなくなり、ガソリン給油はエッソの特殊タンクローリーで、25秒で１２０リットルの給油が可能になりました。トヨタだけじゃなくヤマハ、デンソー、エッソ、ＮＧＫなどの関係者の方々にも協力していただいて発生した問題点を一つ一つつぶしていきました。

でも4回目のテスト終盤で今度はクラッチにトラブル発生ですよ。本番の2日前のことで、大慌てで本社で留守番をしていた山崎さんと松田さんにお願いして、材質の違うクラッチを徹夜で運んでもらった。

　材質の違うクラッチというのは松田さん曰く「2000GT市販車化に向けて悪路での開発テストを繰り返していた頃、クラッチの接着部分で同じトラブルが発生したため、山崎さんたちシャシー部門と相談しながらいつか使うだろうとつくっておいたもの」。片付けてあった場所は松田さんしか知らなかった。この時、松田さんが本社で留守番してくれたおかげで、すぐに探して準備して徹夜で運んでもらい、何とか本番に間に合わせることができました。

　でもまあ、結局、練習では一度も78時間走り切れなかったんですけどね。

1966年10月1日午前10時スタート！

できることをすべてやってスタートが近づいてドラ

谷田部の自動車高速試験場の30°バンクの遠景。遠くに見える山は筑波山。
（写真撮影：トヨタ技術部写真室）

イバーも関係者もどんどんモチベーションが上がっていく中、今度は人間の力ではどうにもならない問題が発生しました。台風28号が日本列島に接近してきており、予報通りなら2日目か3日目に最接近するというのですから。

スピードトライアルは事前に場所も日時もＦＩＡ世界自動車連盟に申請して行うものですから、台風が来ようとも延期にはできません。

僕らの心配をよそに当日は快晴。さわやかな風が吹き抜ける中、午前10時きっかりに日章旗が振り下ろされスタート！

ファーストドライバーである僕は、この時ものすごく気を遣ってゆっくりやわらかくスタートしています。上空から撮影された映像を後から見て「我ながらホントに下手くそなスタートだな」と思ったものだけど、これにはちゃんと理由があったんですよ。

松田さんと山崎さんに届けてもらったクラッチはこれまでと違う材質だった。同じ材質のものだとまた壊れる可能性があったから違う材質にしようと決めたものの、ギリギリで付け替えたからテスト走行もできなくて、動かすのは本番が初めて。だからクラッチが滑ることなくきちんとはまるだろうかと恐る恐るスタートしたというわけです。

うまくスタートができてホッとしながらスピードを上げていき、エンジン回転数７２００ｒｐｍで速度は２２０㎞／ｈを維持してそのまま2時間30分走行する。そして次のドライバーと交代。順番は細谷→田村→細谷→田村、その次に福澤→津々見→福澤→津々見、鮒子田→細谷→鮒子田→細谷→……というように二人で組んで2時間30分を2回乗ったらホテルに戻って休息に入る。食事と睡眠を取り、次の順番でベストの体調でドライビングできるようにする。これがドライバーの役割でした。

ここでも河野さんの言葉を借りましょう。

「ミステイクをなくすには分業を完全にしておくこと。やるべき人がやったのかやらなかったのかわからなくなるようじゃダメ。自分の仕事以外は絶対にやらせない。この次のストップには誰が何をやるのか指示してあるんだから、指示のないことは一切やらない。それでいいんです」

「みんな済んだ！　よし行けってポンと叩くでしょ。前に青いランプがパッと点くとね、ドライバーがそのムードになっちゃってね、エンジンをウィーンって吹かしてレースみたいなスタートをするんですよ。それやる度に私はドライバーに言うんですよ。メカニックがガサガサしてるのに惑わされちゃいけない。ドライバーは沈着にそろそろと出ればいい。そんなところで2秒や3秒稼いだからって何になるかと。クラッチつぶしたらそれで終わりじゃないかと」

スピードトライアルでドライバーに要求されたのはマシンの一部になることでした。記録を計画通りに達成するためにはエンジンの回転も70〜80％に抑える必要がある。油断するとすぐラップスピードが上がりすぎて「スピードを落として下さい」と本部の高木さんから無線で指示が飛ぶ。燃料を維持するためにアクセルペダルも微妙にコントロールし続けなければならない。ちょっとしたミスが結果に大きな影響を与えるから、細心の注意でメーターにも気を配る必要がある。

わかっていてもこれは辛かったね。普通のレースよりもずっと辛い。1周約1分半くらい、一定の速度でずっと同じところを回り続けるだけ。コマネズミが回し車をクルクルしてるでしょ。そんな感じだから退屈でね、そこから生まれる油断がドライバーの最大の敵だったんです。

台風28号接近！

銚子沖を通過する台風28号の影響は2日目の朝から出始め、昼頃からは強くなる雨と風に悩まされました。谷田部はコンクリートブロックをピッチで繋いであって、水はけが悪くてツルツル滑るし、強くなる風に押されてハンドルが取られそうになる。バンクに入ると水が下に流れてはけるから滑らなくなってホッとするという有様だった。

スピードトライアル・ドライバーの運転順

	1日目	2日目	3日目	4日目
0:00		津々見	福澤	福澤 津々見
1:00		福澤		
2:00			津々見	
3:00		津々見		福澤
4:00		・雨が降り始める	鮒子田	
5:00				津々見
6:00		鮒子田		
7:00		・風が強くなる。風速10メートル	津々見	
8:00		細谷		鮒子田
9:00			鮒子田	・72時間達成
10:00	細谷 スタート			細谷
11:00		鮒子田 ・暴風雨になる		
12:00	田村		細谷	・ピットイン 15分延長
13:00		細谷		鮒子田 ・最後のピットイン (13:38)
14:00			田村	
15:00	細谷			
16:00		田村 ・風雨が弱まる。		・16:03 1万マイル達成
17:00	田村		細谷	
18:00		福澤		
19:00		・エンジントラブル (19:08)	田村	
20:00	福澤			
21:00		田村		
22:00	津々見		福澤	
23:00		福澤		

※グレーの部分が台風28号の影響が出たところです。

実際に大会実行委員も開かれて中止にするかという話し合いもなされました。が、僕たちドライバーは台風の中でも2000GTは走れるという手応えを感じていた。僕らが感じた手応えっていうのが実は写真に残っているんです。下の写真です。台風の中を200km／h以上で走っている写真なんですが、後ろの水しぶきがきれーいにまとまって流れているでしょ？　全然、何にも巻いてない。生産車と同様の姿のまま空力付加物（スポイラー）なしで完璧に安定して走行しています。2000GTはね、横風が吹いてもハンドルをがっちり固定していたら、すーっとまっすぐに走ってくれるんですよ。

僕もこの写真を後から見て本当にビックリしました。コンピューターも風洞実験室もない時代にこの形をつくり上げた野崎さんのデザイン力にあらためて敬意を表したいです。

台風の話に戻りますが、たとえ平均時速が10kmや20km落ちても後で挽回して世界記録を狙えるものなら狙いたいというドライバーの熱意を尊重してもらい、決して無理はしないという条件でトライアルは続行されたんです。

でもね、今だからこそ言えますが、暴風雨の時や夜の運転はやっぱり怖かった。谷田部はライトがないから夜や暴風雨の時は視界なんて数メートルですよ。センターラインしか見えない。そのラインだけをたよりに200km／h以上でぶっ飛ばすんです。神経がすり減ってね。車を降りたときは倒れそうになるほど疲れていました。

世界記録達成へ

2日夜から天候は徐々に回復していきます。2日の夜に出たエンジンの不調も点火のポイントにゴミがついていただけということで解決（後から高木さんに聞いたら

台風の中を疾走する2000GT（運転する時間帯から見ると著者細谷の運転時の写真である可能性が高い）。後方の水けむりが巻くことなくきれいに流れている。現代でもここまで美しい水しぶきを作れる車は少ないのではないだろうか。
ハッチバックの部分のルーフのなだらかさはプリウスの角度と同じであるという。
（写真撮影：トヨタ技術部写真室）

名刺を使って掃除をしたとか）。

それからはたいした問題もなく、達成した記録が増えていくのを見ながら、ドライバーはドライバーの、スタッフはスタッフの仕事をみんな淡々とこなしていきました。

4日目の午前10時、目標の一つであるフォードコメットの72時間の記録を破って速度記録を達成しました。その瞬間はピットに並んでみんなと一緒に笑顔で帽子を振って走り去る2000GTを見送りました。次は1万マイルでの新記録です。1万マイルといったら地球半周分ですよ。それだけの距離を78時間で5人のドライバーが乗り継いで走る。すごいことですよ。

72時間の記録達成後ドライバーはすぐに僕に交代。時間通りにいけば「……細谷→鮒子田→細谷」で僕がラストドライバーになる予定だったんだけど、交代時間を調節して最後のピットインをなくした方がいいということになった。

その時、河野さんと僕が無線で話した会話が記録映像に残っています。

河野「最後のピットインをなくすために交代時間を延長します、従って2時間45分走ることになります、どうぞ」

細谷「了解、もっと乗っていたいです、どうぞ」

河野「それ以上はガソリンが足りなくなるので走れません。残念ですが降ろします（笑）どうぞ」

細谷「それは残念です、どうぞ」

2000GT・スピードトライアル

開　催　地：茨城県谷田部にある自動車高速試験場、一周5473mの国際公認トラック。（現在移転により閉鎖）
ドライバー：細谷四方洋・田村三夫・福澤幸雄・津々見友彦・鮒子田寛
内　　　容：5人のドライバーが2時間30分ごとに交代し、78時間1万マイルを時速200km以上で走り続ける。
日　　　時：1966年10月1日午前10時スタート。

トヨタ 2000GT の FIA 公認スピード記録

	種　目	更新記録	過去の記録	
		平均速度 (km/h)	車　名	平均速度 (km/h)
① 世界新	72時間	206.02	コメット	202.21
② 世界新	1万5000km	206.04	コメット	201.75
③ 世界新	1万マイル	206.18	コメット	200.23
① 国際新	6時間	210.42	クーパー	202.39
② 国際新	1000マイル	209.65	ポルシェ	186.59
③ 国際新	2000km	209.45	ポルシェ	186.13
④ 国際新	12時間	208.79	ポルシェ	186.25
⑤ 国際新	2000マイル	207.48	トライアンフ	164.15
⑥ 国際新	24時間	206.23	トライアンフ	164.23
⑦ 国際新	5000km	206.29	トライアンフ	164.91
⑧ 国際新	5000マイル	204.36	トライアンフ	165.94
⑨ 国際新	48時間	203.80	トライアンフ	165.02
⑩ 国際新	1万km	203.97	トライアンフ	164.53
⑪ 国際新	72時間	206.02	トライアンフ	153.09
⑫ 国際新	1万5000km	206.04	ACコブラ	121.889
⑬ 国際新	1万マイル	206.18	ヤッコ・ロサリエ	111.203

※世界記録は排気量による区分はなし　※国際記録はクラスE（排気量1500〜2000cc）

一つの大記録を成し遂げて、その次の大記録が目前で僕も河野さんも軽口が叩けるまで気分が盛り上がっていた。ホントは新記録達成のその瞬間に乗っていたかったけどね。

10月4日午後4時3分、齋藤副社長の振るチェッカーフラッグを受けて1万マイルの新記録を達成。シャンパンシャワーや胴上げでお祝いしたけど、トライアルそのものはまだまだ終わらない。エンジンの冷却を待って、申請通りの車両で走ったかFIAの車両検査を受ける必要がある。エンジンを分解して精密な部品チェックが始まり、気筒の容積を測定し、新品と全くおなじ気筒容積で摩耗部品もなかったと報告。こうして記録の樹立が確定しました。

97ページにあるのが2000GTがスピードトライアルで樹立した三つの世界記録と13の国際新記録の詳細です。

東京モーターショーと皇太子殿下からのねぎらい

翌日の5日も休みはなし。ドライバーやメカニック、スタッフ総出でトライアルカーの大掃除をしてぴかぴかに磨きました。実は10月7日から始まる第13回東京モーターショー（出品社数245社、出品車数732台）に出展が決まっていて、昼過ぎには東京に送り出さなきゃな

スピードトライアルのドライバー。左から鮒子田寛、津々見友彦、福澤幸雄、田村三夫、細谷四方洋（著者）。（写真撮影：トヨタ技術部写真室）

速度記録樹立の２日後に開催された第 13 回東京モーターショーにて。初日の特別招待日に当時皇太子だった今上天皇が来場され、お言葉をかけていただいた。
（写真撮影：トヨタ技術部写真室）

らなかったからね。

東京モーターショーは開催期間14日間で150万人を集める国内最大の自動車展示会。三つの世界新記録樹立という2000GTの実力を日本中の人に発表するのには最高の舞台ですよ。

僕もトライアルカーの説明をすることになっていたから、すぐに東京に向かいました。

7日の特別招待日の11時頃のことだったかな、会場に当時の皇太子殿下（今上天皇）がご来場されました。レースどころではない緊張でお迎えした僕に「台風の中、大変でしたね。記録おめでとう」とのお言葉をいただきました。わずか1分少々のことでしたが、その時の感動は今も忘れることができません。


モーターショーで大役を終えたトライアルカーはその後ディーラーに貸し出されて、日本全国の展示会やイベントで引っ張りだことなりました。

ただ一つ残念なのはこのトライアルカーが現存していないことです。もっと正確に言うと、現存しているのか廃棄されたのかすらわからない。1989年のトヨタ博物館のオープンのために全国を探し回り、八方手を尽くして調査したのですが、何の記録も残っていませんでした。

トヨタ博物館のオープン時に展示されたトライアルカーは、アメリカでレースに使用するためにレーシングチームのキャロル・シェルビーに渡してあった3台のうちの1台で、それを新明工業さんに持ち込んで私もつききりで仕上げたレプリカです。
トライアルカーだけでなく、野崎さんの描いた設計図面の原図すら全く残ってないことも含め（関係書籍に載っている写真や図面などは個人で保管していたものがほとんど）、やはりとても不名誉なことだと思うのです。

2000GT発売へ

1967年5月に発売された2000GTは238万円で当時の車の価格としては破格の値段でした。トヨタの中で一番高価なクラウンが約90万円超でその2倍以上。同じスポーツカーのトヨタ・スポーツ800が約60万円、マツダ・コスモ148万円、いすゞ・117クーペ172万円などに比べても桁外れに高い。

2000GTのコンセプトに「生産性よりも品質を重視」とあったでしょう？　実際に2000GTにはその当時の最新技術が採用されていました。

【トヨタ2000GTに採用された最新技術】
・四輪ディスクブレーキ（日本初）

・マグネシュウムホイール（日本初）
・リトラクタブルヘッドランプ（日本初）
・DOHCエンジン
・フル・シンクロメッシュ5速ギアボックス
・ラック&ピニオン式ステアリングシステム
・ダブルウィッシュボーンを採用した四輪独立懸架のサスペンション

エンジンメーカーと同時に楽器メーカーでもあるヤマハは木工技術もすごくて、特にインパネは最高級ピアノ素材を使用。あれはよかった。今見ても格好いいと思うね。

技術は最新で部品は高価なものばかり。ボディは大まかなところは型でつくっていたけど、あとは手叩きで仕上げていって、部品を溶接してまとめています。手作業で一台一台手づくりしてるから、破格と言われた238万円でも大赤字。量産車として認めてもらうには販売実績も必要ですから、これ以上高くするわけにはいかず、つくればつくるほど損をする状況ですよ。

でもトヨタはその頃から世界への販売を視野に入れていて、アメリカ市場でのイメージアップは最重要課題でした。当時のトヨタは海外（特にアメリカ）では2流扱い。日本車の評価は、安いけど技術的に不安定な小さい車で「安かろう悪かろう」って奴です。その評価向上には一

世界中の人が注目したボンドカー：トヨタ2000GT

ボンドカーとは大人気スパイ映画『007シリーズ』で主に主人公のジェームズ・ボンドが運転する自動車のことです。

レーサーと同時にファッションモデルもやっていた福澤君は『007は二度死ぬ』の監督ルイス・ギルバート氏と親しくしていてね。2000GTを売り込んでくれたんです。監督に気に入ってもらえてトントン拍子でボンドカーに決定したところまではよかった。ところが「撮影時に車内装備を見せたい＆主役のショーン・コネリーが190㎝で大柄なため」オープンカーにして欲しいという。それもロケの日程の都合で、製作期間は2台（撮影用と予備車）で14日間しかないとのこと。

河野さんは打ち合わせ中に大慌てでトヨペット・サービスセンターの綱島《つなしま》工場に連絡しました。綱島工場には特殊開発部があり石塚部長と塚越課長のお二人がいたんです。この石さん塚さんの名コンビはどんな面倒な車両の改造でもやってくれることで有名でした。

14日間で2台をオープンカーにするという無茶な要望にも「いいよ、やってあげるから持っておいで」ということで、急遽車体ナンバーのついていないプロトタイプ２台を綱島工場に運ぶように依頼し、図面なしの現物合わせ（現物だけできちんと合わせていく職人技）の突貫工事でオープンカーに改造してもらったわけです（ただ、ルーフを取り払っているのでボディ剛性など2000GT本来のものとは別物）。

ちなみにスタントシーンは後にTEAM TOYOTAに入る大坪善男君がヒロインのAKIに扮して華麗なドライビングテクニックを披露しました。

1967年の6月に『007は二度死ぬ』は世界で公開され、トヨタ2000GTは世界中にその名を知らしめました。

映画で使用されたボンドカー。
（トヨタ博物館所蔵）

般の市販車の品質を上げることはもちろんですが、「安かろう悪かろう」の先入観を覆す演出が必要でした。それが2000GTだったというわけ。

※アメリカやヨーロッパではスポーツカーレースが盛んで、スポーツカーはメーカーの技術力をアピールし、メーカーのイメージアップに大きく貢献する存在でした（1968年にアメリカSCCAクラスCシリーズに参加。最終成績は4位）。

野崎さんに曰く、自由な製作環境、ヤマハとの提携、スピードトライアル、ボンドカー採用などいろんなことが偶然に重なって、2000GTは結果的にうまくいった……ということですが、実際に2000GTは全世界に向けて「トヨタは技術もデザインも世界レベルに達した」というイメージアップのための広告塔として、十分その役割を果たしました。

販売的には成功とは言いがたくても、宣伝という点において大成功だったんです。

2000GTの評価が高かったことは開発に携わった僕らとしては純粋にうれしかった。

でもこれでとばっちりを受けたのが、野崎さんでした。

大企業のイヤなところですが、妬みというか、突出した才能を持つ人を許さない人たちがいてね。2000GTの切りがついたところで、野崎さんはいきなり住宅課に転部になってしまったんです。あんなすばらしい車をデザインする才能を持った人が何の関係もない住宅課ですよ。ご本人もイヤになっちゃったのかなぁ、その後も自動車部門に戻ることはなく、別の分野で活躍されたと聞いています。

ただ、野崎さんがもし自動車部門に残っていたら、魅力的なトヨタ車の「顔」をつくってくれたんじゃないかと思ったりするんですよ。フロントマスクってあるでしょ。トヨタスポーツ８００や２０００ＧＴ、カムリの頃にはトヨタのＴをモチーフにしていた。でもその後は統一されたものが何にもない。だから個性がないっていわれたりする。ベンツやＢＭＷ、アルファロメオのように一目見てメーカーがわかる、そんなフロントマスクを野崎さんにつくって欲しかったなーと想像したりするんです。

トヨタ2000GT　生産台数

種類	前期型	後期型	合計
国内向け	110台	108台	218台
輸出向け	–	–	102台
特殊用途	12台	2台	14台
試作・テスト用	–	–	2台
不明	–	–	1台
合計	–	–	337台

※『–』の部分は詳細不明。

トヨタ2000GTスペック

車名	トヨタ2000GT	トヨタ2000GT トヨグライド付き
車両型式	MF10	MF10-C
●寸法・重量		
全長 mm	4,175	
全幅 〃	1,600	
全高 〃	1,170	
ホイールベース 〃	2,330	
トレッド（前） 〃	1,300	
トレッド（後） 〃	1,300	
最低地上高 〃	155	
室内長 〃	770	
室内幅 〃	1,430	
室内高 〃	960	
車両重量 kg	1,145	
乗車定員 名	2	
車両総重 kg	1,255	
●性能		
最高速度 km/h	215	195
最高巡行速度 〃	205	190
0→400m sec.	15.9	16.9
0→100m 〃	10.0	10.8
登坂能力 Sin θ	0.552	0.500
最小回転半径 m	5.0	
●エンジン		
エンジン型式	直列6気筒DOHC	
内径×行程 mm	75×75	
総排気量 cc	1,988	
圧縮比	8.4	
最高出力 PS/r.p.m.	150／6,600	
最大トルク kg·m/r.p.m.	18.0／5,000	
キャブレター	ソレックス型3連	
燃料タンク容量 ℓ	60	
バッテリー V−A.H.	12−45	
オルタネーター KW	0.66	
●走行伝導装置		
クラッチ	乾燥単板油圧操作式	
トランスミッション	前進5段、後退1段 オールシンクロメッシュ	3要素1段2相式 トルクコンバーター
操作方式	フロアシフト	
変速比等 1速	3.074	2.400
第2速	1.838	1.479
第3速	1.256	1.000
第4速	1.000	−
第5速	0.856	−
後退	3.168	1.920
減速機歯車形式	ハイポイド・ギヤ	
減速比	4.375〔4.111〕	4.111〔3.900〕
差道機	リミテッド・スリップ装置付	
ステアリング形式	ラック&ピニオン	
ブレーキ	油圧ディスクブレーキ（前・後）	
駐車ブレーキ形式	機械式後2輪制動	
●懸架装置		
前輪懸架装置	独立懸架	
後輪懸架装置	独立懸架	
ショック・アブソーバー	油圧複動筒型（前・後）	
スタビライザー	トーションバー式（前・後）	
フレーム形式	X型	
タイヤ	165HR15（前・後）	

〔　〕内はオプション

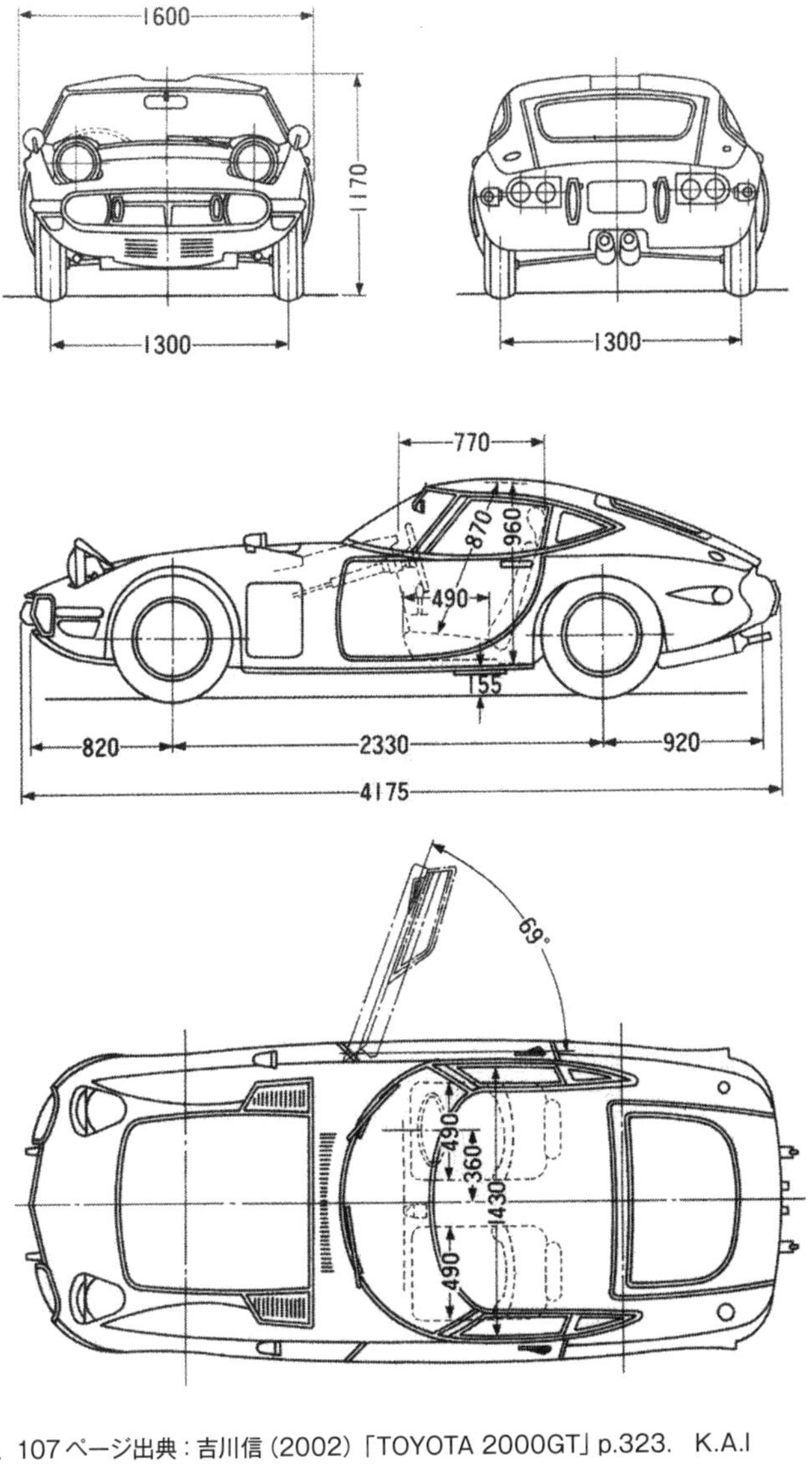

106、107 ページ出典：吉川信 (2002)「TOYOTA 2000GT」p.323.　K.A.I
ISBN 0-932128-10-6

トヨタ7（セブン）の開発へ

2000GT発売のための最後の宣伝ということで、1967年4月の富士24時間レース、7月の富士1000キロレースに2000GTで参加、両方とも見事総合優勝を飾っています。特に富士24時間レースでは2台の2000GTとS800が一緒にチェッカーフラッグを受けた、いわゆるデイトナフィニッシュで話題になりました。本当はもう一台S800を入れて4台同時フィニッシュを狙ったんだけど、最終ラップでリタイアして3台になったのは少し残念だったかな。

このタイミングでTEAM TOYOTAに入ってきたドライバーが、大坪善男君、見崎《みさき》清志君、蟹江光正君の3人。大坪君はボンドカーのカースタントをやったことが有名だけど、とにかくお調子者。ベッドに飛び乗った拍子にベッドサイドで尾

1967年の富士24時間レース。2台の2000GTがS800をサンドイッチにした形でチェッカーフラッグを受けた。いわゆるデイトナフィニッシュである。
（写真撮影：トヨタ技術部写真室）

てい骨を打って1日動けなくなるとかあった。見崎君は車が大好きで80年代にはマカオグランプリにも出ていたね。蟹江君は少し神経質な面もあって慎重派でどちらかというと僕に近いタイプだった。

ただ2000GTによるレース活動はこれでおしまい。この後はトヨタもプロトタイプレーシングカーに移行していきます。

プロトタイプレーシングカーとGTカーは82ページにあるように、そもそものコンセプトが違う。トヨタはもともと量産車にそのまま技術がフィードバックできるタイプのレースを望んでいました。要するに市販車をベースにしたスポーツカーによる耐久レースで、代表格はル・マン24時間レースです。

でも時代はスピード重視＝スプリントレースに流れていきました。まあ、短時間で決着がついて速いものが勝つっていうのはシンプルでわかりやすいし、派手だからメディア受けもいい。北米で最高峰のレースCan-Am（カンナム／カナディアン-アメリカン・チャレンジカップ）がスプリントレースの代表格。賞金額が莫大で人気を誇っていましたね。

最大手のトヨタとしてはその流れを無視することはできず、1967年春からトヨタ7の開発がスタートします。

このトヨタ7ですが、左ページの表にあるように大きく分けて3段階の進化をします。

第1段階、3ℓエンジンを使用。開発コード415S。通称『トヨタ7／3ℓ7』。

第2段階、5ℓエンジンを使用。開発コード474S。通称『トヨタニュー7／5ℓ7』。

第3段階、5ℓエンジン＋ターボを使用。開発コード578A。通称『ターボ7』。


当時のトヨタVS日産の日本グランプリを巡るレースマシンの開発競争は、現代と比べものにならないほど激しいものでした。ニッサンもR380、R381、R382と1年ごとに新マシンをつくってきたでしょ？　両者一歩も引かずにレースの頂点である日本グランプリで激突していたのです。

後手後手に回った開発競争

トヨタ7の開発が計画されたのは1967年の春です。この年は2000GT販売前のラストスパートでレースも2000GTの方に力を入れていたこともあり、また開発車も間に合わないということで、トヨタは第4回日本グランプリ出場を断念。

トヨタ7　3世代の性能表

通称	トヨタ7（セブン）/ 3ℓ トヨタ7 / 3ℓ 7	ニュー7 / 5ℓ 7	ターボ7
開発開始	1967年 春	1968年 5月上旬	1969年 12月
試作車完成	1968年 1月	1968年 12月上旬	1970年 4月
最高時速	310km/h	330km/h	363.6km/h
シャシー			
開発コード	415S	474S	578A
構造	アルミモノコック	鋼管スペースフレーム	アルミスペースフレーム
変速機	ZF・5DS-25（5段MT）	ヒューランド・LG600（5段MT）	アイシン・SR-5S（5段MT）
クラッチ	ボーグ＆ベック	ボーグ＆ベック	アイシン
ブレーキ	ガーリング	ガーリング ロッキード	ガーリング
全長	4,020mm	ー	3,750mm
全幅	1,720mm	1,880mm	2,040mm
全高	850mm	ー	840mm
前後トレッド	1,440/1,440mm	ー	1,468/1,480mm
ホイールベース	2,330mm	2,300mm	2,350mm
重量	680kg	ー	620kg
エンジン			
開発コード	61E	79E	91E
排気量	2,986cc	4,986cc	4,986cc
ボア×ストローク	83×69	102×76	102×76
型式	90度・V型8気筒	90度・V型8気筒	90度・V型8気筒
吸気	自然吸気	自然吸気	ターボ（ギャレット・エアリサーチ×2） 自然吸気
動弁	DOHC・2バルブ	DOHC・4バルブ	DOHC・4バルブ
燃料供給	日本電装・燃料噴射	日本電装・燃料噴射	日本電装・燃料噴射
最大出力	330PS/8,500rpm以上	530PS/7,600rpm	800PS/8,000rpm
最大トルク	ー	53mkg/5,600rpm	74mkg/7,600rpm
タイヤ			
ホイール	神戸製鋼所・15in	神戸製鋼所・15in	神戸製鋼所・15in
タイヤ	ダンロップ グッドイヤー ファイアストン	グッドイヤー ファイアストン	ファイアストン

※『ー』の部分は詳細不明。出典：フリー百科事典『ウィキペディア（Wikipedia）』

トヨタ自工も市販車の開発や研究が忙しく、レース活動に割く人員や余力はないから、レース用のエンジン&車体製作は再びヤマハと組むことになりました。さらにダイハツからはメカニック10人くらいだったかな、デンソーからも人員を出してもらって、まさに寄り合い所帯のレース&車開発チームとなったわけです。

歴代のトヨタ7の車体にはどこかに手書きでヤマハ・デンソー・ダイハツの文字があるんですよ。これはスポンサーという意味ではなく、この3社の協力なくしてトヨタ7の開発はできなかったという感謝の意味を込めて、河野さんが社名を入れると決めました。

マシンの開発について説明する前に、まず車両規定というものを説明しましょう。

アメリカやヨーロッパのレース車両については、国際自動車連盟（FIA）の定める車両規定というものがあって、当時は九つにグループ分けされていました。

簡単に説明すると、

・グループ1（G1）…連続する12ヶ月に5000台以上生産された4座の車。
・グループ2（G2）…グループ1の車に装備追加し公認を取得したマシン。
・グループ3（G3）…連続する12ヶ月に5000台以上生産された2座の車。
・グループ4（G4）…グループ2の車に装備追加し公認を取得したマシン。

・グループ5（G5）…2座席オープントップのプロトタイププレーシングカー。
・グループ6（G6）…2座席クローズドボディのプロトタイププレーシングカー。
・グループ7（G7）…排気量無制限の2座席オープントップのプロトタイププレーシングカー。
・グループ8（G8）…FIAが認定、FIA選手権がかかったシングルシーター・オープンホイールのフォーミュラカー。F1、F2、F3の3種類。
・グループ9（G9）…グループ8以外のフォーミュラカー。

トヨタ7の『7』はグループ7という意味なんですが、正直、トヨタ7の第1段階の開発コンセプトはどっちつかずだった。

アメリカのCan-Am用のマシンは排気量無制限のグループ7です。ル・マン24時間レースはグループ6で、トヨタは将来的にどちらも参戦したいということで車両はグループ7でつくり、エンジンはグループ6用で3ℓという仕様になった（ル・マンでは1968年にプロトタイプレーシングカーの排気量に3ℓの制限をかけた）。

ある意味、この時点ですでに日産に敗北していたといってもいいでしょう。

1968年の1月に1号車が完成。2月に2000GTのエンジンを載せて鈴鹿でシェイクダウン（試運転）しました。シャシーはアルミ製モノコックで短時間で製作した間に合わせ的なマシンでね。アルミの小さなブロック板をリベットでつなぎ合わせていたので走行中の負荷によってリベットが緩んで剛性が落ちる、補強を重ねたので重くなるなど、まだまだな仕上がり。シェイクダウンの後に仕上がってきたアルミ合金製の3ℓエンジンに乗せ替えてマシンは本来の姿になったものの、やはりパワーが上がらない。公称330馬力とされましたが、300馬力がいいところ。当時のレース用の車体としては中の下くらいの感触でした。

4月にヤマハが持ってきたフォードGT40（その年のル・マンにグループ5のスポーツカーとして出場し優勝）と乗り比べてみてあまりの違いに愕然としたくらい。すべてにおいて技術レベルがまだまだ足りなかった。

実はこの時期、個人的に大ショックなことがあったんですよ。人事部の人が僕のところにきてね。いきなりクビを言い渡された。「佐藤という有名大学卒のレーサーが売り込んできて、そっちと契約することにしたから、君は今日で契約解除する」とね。

そんな無茶が通るのかと抗議したけどトヨタの人事は絶対です。河野さんはアメリカ長期出張で日本にいなくて相談できず、どうなってしまうのかと本当に心細くてね。トヨタで骨をうずめるつもりで尾道から出て来ましたから家内にも言えず、年休だと嘘をついて家でふてくさ

トヨタ7。1968年の富士1000キロレースにて。
(写真撮影：トヨタ技術部写真室)

トヨタ7。1968年の鈴鹿1000キロレースにて。
(写真撮影：トヨタ技術部写真室)

左から著者、真ん中が豊田英二社長、右が河野さん。
(写真撮影：トヨタ技術部写真室)

れてテレビを見ていました。

で、どうなったのかというと、一週間後にもう一度人事から連絡が来て、「学歴詐称があったから佐藤との契約はやめることにした。君の契約解除はなかったことにするから明日からまた会社に来てくれ」ですよ。ものすごく頭にきて「ふざけるな！　誰が行くか！！！」と怒鳴りつけていました。

この一件で僕の中でトヨタという会社組織に対する信頼は大幅にダウンしました。でも僕のまわりにいた人たちは別です。河野さんをはじめとしたレース部門の仲間を僕は信頼していたし、彼らも僕を信頼してくれていた。だから僕はＴＥＡＭ　ＴＯＹＯＴＡに戻ったんです。

気を取り直して5月の第5回グランプリは4台のトヨタ7で出場しました。そしてニッサンＲ３８１に完敗でした。日産は車体開発に専念してエンジン開発が間に合わなかったということで、５・５ℓシボレーＶ８エンジンを輸入して搭載してきましたから、３ℓエンジンではパワーに差がありすぎて全く相手にならない。

大坪君の8位が最上位でもう悔しくてね。豊田英二社長に「トヨタもベンツのエンジンでも買って搭載したらどうですか？」と言っちゃった。そうしたら「細谷君、トヨタがレースをするのは技術の開発と蓄積を行うことが目的なんだよ。当然将来はガラスとタイヤを除きすべての部品を自前でつくることが目標なんだ」と淡々と諭されて、目先の勝利にとらわれていた自分が恥ずかしかったな。

今のトヨタは英二社長があの時言った通り、ガラスとタイヤ以外、全部自前で調達できる会社になっている。英二社長はトヨタという会社の、ずーっと先の未来まで見据えていた立派な経営者でした。

それとトヨタ7は日産に比べてパワーがなかっただけで、失敗作というわけじゃない。

確かに車体の剛性にやや問題があって、リベット止めの部分が緩んでくるのが弱点だったけど、その緩み加減ですごく乗りやすい状況になった。実際にその後の6月の全日本鈴鹿自動車レースでは僕が優勝しているし、富士１０００キロレース、鈴鹿12時間レース、鈴鹿１０００キロレースなどではＴＥＡＭ　ＴＯＹＯＴＡが優勝しています。

プロトタイプレーシングカーの中でも耐久性はピカイチだったんじゃないかな。ただ、このままでは次の日本グランプリはどうやっても勝てない。そこで5ℓエンジンを積んだニュー7の開発が始まったんです。

コロナマークⅡ発売記念で世界一周へ

レーシングカーの流れとは少し離れるけど、1968年の10月にコロナマークⅡ発売記念の宣伝のために、世界一周スピードランを行いました（東回り組の10月1日出発。僕ら西回り組は10月8日出発）。6人チームで2台の車に3人ずつ乗ってね。「スピードラン」と名付けられただけあって、2〜3週間で世界一周というものすごい強行スケジュール。

当時、中国はまだ国交がなかったからパキスタンからスタート。アフガニスタン→イラン→イラク→ヨルダン→レバノン→シリア→ユーゴスラビア→ブルガリア→イタリア→フランス→ドイツ→デンマークまで行った。デ

右の写真はスイス、背景にある山はアルプス。上中央はパキスタンの首都カラチ。左上は当時の世界一周をアピールする広告。（写真撮影：トヨタ技術部写真室）

ンマークから飛行機でニューヨークまで車を輸送して、ルート80でサンフランシスコまでぶっ飛ばして3日でアメリカ大陸を横断したんです。アメリカ人のトラック運転手が普通は8日かかる距離ですよ。現地の人に「おまえら馬鹿じゃないのか？」と呆れられました。

ビックリしたのはトルコの山の中で東回り組に出会ったこと。電話も無線もない。全く連絡もできない二つのグループが逆回りで世界一周に出かけてバッタリ出会えたなんて奇跡ですよ。あれはうれしかったな。もう一つビックリしたのは、スタートのパキスタンからラストのアメリカまで、ラジオからずっと同じ曲が流れてきたこと。『悲しき天使』という有名な曲です。日本では一度も聴いたことがなかったのに、国が違って歌う人が違っても流れてくる曲はずっと一緒。今でいうと世界中で大ブレイクした状態だったんでしょう。『悲しき天使』を聞くと今でもリアルにこの時のことが思い出されます。

今では政治情勢が悪くて通れない国も多いですが、50年も前に僕らは日本の日の丸を背負って世界中の道を走ってきたんです。

福澤君の事故について

1969年2月12日、2日前にオープンしたばかりのヤマハの袋井テストコースでのこと。

直線区間から1コーナーに向かう途中、福澤君のマシンは突然コースアウトしてコース脇に設置してあった標識の木の柱に激突。その反動で30ｍほど先の小山の土堤に乗り上げた形で停止して炎上しました。

僕はこの時ピットにいて、事故が起こったことがわかったのでホンダのモンキー（テストコース移動用の原付バイク）に乗って現場に駆けつけました。ピットから現場までは３００ｍくらいで、現場に着いたのは僕が最初でした。マシンは既に燃えており、オープンボディ（もとの車体はクローズドボディだったが、この走行テストの際に運転席部分のカウルを外していた）だったから何とか助け出せないかと近づいてシートベルトを外そうとしたものの、僕の腕がボディに触れた瞬間にジュッと火傷するくらい高熱になっていて果たせなかった。

すぐに消火器を積んだトラックが来て、駆けつけたスタッフは必死で消火活動を行いましたが、火勢が強すぎてどうにもならず、福澤君は帰らぬ人となったのです。

後にご両親から裁判を起こされたことでテレビや雑誌などでいろいろ取りざたされ、一部の書籍やネットでは「トヨタの関係者は消火活動をせずに、20分間も燃え盛る炎の中で福澤が焼け死ぬのを黙って見ているだけだった」という根も葉もない情報があたかも事実であるかのように吹聴されていますが、全くのでたらめです。

これに関しては80ページの松田さんの証言を見ていただくとわかるように、１９６6年3月富士スピードウエイでの2000GT炎上事故の時のことを意図的にこの事故にすり替えているのだと思います。2000GT炎上事故では「福澤君が逃げた後、消火活動するにもピットに備え付けられていた消火器の不備で消火剤が出ず、危険回避のためにメカニックを遠ざけて、燃え尽きるのを待った」わけで、あくまでも人を守るための緊急避難措置です。

こちらの状況は全く違う。

外部関係者を一切シャットアウトして行っているテストですから、確かに初期消火の段階で手が足りていないということはあったでしょうが、現場にいたスタッフは消火器を使ったり、土をかけたりして自分たちができる範囲で火を消そうと必死でした。

だって火の中にいるのはずっと一緒に戦ってきた仲間なんですよ。黙って見殺しにするなんてできるわけがない。その場でできる限りのことをする。それが人として当たり前のことでしょう。

ただ一つ、マシンについて伝えておきたいことがあります。

実は福澤君が事故死したマシン、3ℓ7は1週間まで僕が乗っていました。調子が上がらずどうしても300km／hが出せなかったので、今度はフルカバーのカウルをつけて挑戦したのです。それでも300km／hに近づくとやはり原因不明のふらつきが出る。操縦の安定性をもう少し煮詰め直す必要があるからこれ以上は乗れないと僕はマシンを降りた。僕は本当に慎重な性格で、危険だと感じたらすぐにマシンを降りて、問題が解決するまで決して乗らなかった。

今の時代の人には想像できないかもしれませんが、この時代のプロのレーサーやテストドライバーは、高い運転技術と同時に危険を鋭く察知する能力が要求されました。今のような安全基準や安全装備もなく300km／hで競り合っているんですから、ミスをしたら即座に命を落とすんです。特にレース前のテスト車は、レース本番よりも危険な場合が多い。実際にこれ以後に開発されたニュー7の4WDタイプ（安定して走れなかったので1、2回のテストで終わった）のテスト走行をしたときは、私の座るシートのわずか10cm程度のところでドライブシャフトが回るという恐ろしいレイアウトもあった。まさに走る実験室で僕らは「どうしたら安全に速く走ることができるか」を見つけるために様々な危険を覚悟の上でテストをしていたんです。

でもね、レーサーは無謀な命知らずじゃない。自分の技量を見極めてここまでの危険は受け入れるが、ここからは受け入れないというラインをしっかりと決めておかないとダメなんです。自分の命を守るのは自分しかいない。

メカニックがどう言おうと、僕の中では譲れないラインだったから僕はマシンには乗らなかった。その時、横にいた福澤君が「そのくらい乗れないでプロと言えますか」と返してきたので、結果として、そのマシンのテストを福澤君が担当することになったんです。テストドライバーとレーサーは似ているようで違うものだと47ページでも説明しましたが、彼は生粋のレーサーでセンスも才能もあった。この頃のレースでは僕より成績がよかったから、乗りこなせるという自信もあったのでしょう。

僕の個人的な意見として言わせていただくと、事故の原因はドライバーのミスとか車両の不具合とか、そんなに単純に答えられるものではないのです。

ただ事故後のトヨタの対応に関しては正直杜撰であったと思うし、裁判になって闇雲に蓋をしたことで結果的に疑惑だけが後世に残ってしまった。それが残念でならない。

10月開催となったグランプリと日本Can-Am

福澤君の事故の2ヶ月後、3月末に2代目となるニュー7の試作車が完成。5ℓクローズド・ロングテールタイプで開発されたが、視界が悪くロングテールは取り回しが悪いということで結局はオープンのショートボディに変更となりました。

この頃、福澤君の抜けた穴を埋めるべく川合稔君がTEAM TOYOTA入りします。川合君は自販のドライバーで下積みが長かった分、ハングリー精神が旺盛でした。血気盛んでどんな相手にも食らいついていく強さがあって、4月の鈴鹿500キロレース（3ℓ7で出場）

では見事初優勝を飾ったのです。

ニュー7は7月の富士1000キロレースでデビューし、鮒子田／大坪組が優勝。次のNETスピードカップもニッサンR381を相手に鮒子田君が優勝して、さい先のいいスタートを切ったつもり……が、この年から10月に開催が変更になった第6回日本グランプリでは、またもや日産にしてやられたのです。

日産のエンジンは5ℓではなく実は6ℓであると「レース直前」に発表。開始前からハンディを背負った戦いになりました。そこに滝レーシングチームがポルシェ3台、ローラ1台で参入したことで「TNT対決（トヨタ・ニッサン・タキ）」として盛り上がり、観客は熱狂しました。

スタートはポルシェとトヨタ7がトップに躍り出たものの、パワーの差で余裕の追い上げを見せた日産がワンツーフィニッシュを決め、トヨタは川合君が3位に食い込む健闘を見せました。

久木留《くきどめ》博之君がダイハツからTEAM　TOYOTAに入ってきたのはこのグランプリの時です。

久木留君はTEAM　TOYOTAの中では多分一番速いドライバーじゃないかと思う。ニュー7を初乗りで簡単に乗りこなしてしまうほどの天才肌で、多少のマシントラブルはものともしない天性のバランス感覚がありました。

グランプリの1ヶ月後、11月に開催された日本Can-Amには僕自身強い思い入れがあります。日産は不参加でしたが、海外のレースで活躍しているF1ドライバーやビッグマシンが集まる華やかなレースです。

トヨタではすでに次世代マシンの開発が始まっており、僕はフロントサスペンションを中心に改造したニュー7、鮒子田君はトヨタの5ℓエンジンをマクラーレンM12の車体に載せたマシンでレースに臨みました。マシンの開発のために必要であればこのように実戦でもテストを行っていました。僕らももちろん優勝を狙いますが、やはりテストを兼ねているためリタイアの確率も高くなる。

純粋に優勝を狙うのは川合君と久木留君の役割。川合君も久木留君も速く走ることに貪欲なレーサーでした。

序盤はトップを走るJ・オリヴァー（オートコーストTi22）にピッタリとついた川合君が2位。3位に鮒子田君、4位久木

細谷は長いピットストップの後再スタートし，終盤でキャノンと大接戦を演じた

CARグラフィック70年1月号に掲載されたCan-amでの著者とJ.キャノンとのデットヒートの写真。
（雑誌より転載、協力：株式会社カーグラフィック）

留君と順調だったが、僕のマシンはエンジントラブル発生で早々にピットイン。メカニックにエンジンの調整をお願いしている間、僕はレースをずっと見守っていました。グランプリで日産に負けてしまったからこそ、国際大会でもあるこのレースの優勝が何としても欲しかったんです。

中盤で鮒子田君がリタイア、後半で久木留君もリタイアで、残り川合君一人になった時、トップのJ・オリヴァーのマシンに異変が起こり、オイル漏れからエンジンを焼き付かせてリタイアし、川合君が単独トップになりました。2位のJ・キャノン（フォードG7A）とは100m近く差があるものの、後半はエンジンや部品を守るために今よりもペースを落とす必要がある。

このタイミングで僕は調子の戻ったマシンに乗り込んで、川合君と二位のJ・キャノンの間に滑り込みました。今更走ったところで完走扱いにもならないが、川合君を援護して優勝させることがTEAM TOYOTAのキャプテンである僕の役割だったからです。

周回遅れのマシンはトップグループには道を譲るという規程があるから、僕はJ・キャノンを先に行かせました。ただし一度譲ればその後に抜くのは違反ではない。僕は猛然と追い上げてJ・キャノンを抜き返してそのまま2台でデットヒートを繰り広げました。

僕がJ・キャノンを抑え込んだことで、川合君はペースを落として確実な走りをして、そのままチェッカーフラッグを受けました。

※『豊田章男が愛したテストドライバー』（稲泉連／小学館）で川合君が優勝したときに僕がメカニックを引き連れて帰っているような記述がありますが事実ではありません。これらの記述は同書2版より訂正されています。この訂正について「カーグラフィック70年1月号」の記事によって私の行動が証明されました。かつてのカーグラフィックは丹念に事実を書き留めており、レースの歴史を振り返るときに第一級の資料価値がありました。ところが今のカーグラフィックはその場のおもしろさにながされて歴史的な事実などを少し軽視しているように感じます。富士スピードウェイの50周年特集記事においてオープニングレースで僕が優勝した事実すら載せなかったことに苦言を呈しましたが、これもかつてのように第一級の資料価値のある雑誌であって欲しいと願ってのことであります。

ターボ7と走行会

TEAM TOYOTAではシーズンが終了した年末に走行会というものがありました。チーム結成時より毎年行われているもので、要するに翌年の契約金を決定するためのチーム内タイムトライアルです。自慢じゃないが僕はこの走行会では誰にも負けたことはなかった。

一部の書籍では僕だけが常勤でヤマハから送られてきたエンジンデータを見て一番いいエンジンを選んでいたから速かったと書かれていますが、ここでいう「一番いいエンジン」のニュアンスが違う。

毎回僕が選んでいたエンジンは性能的にはちょうど真ん中のものです。速いエンジンはその分トラブルも多い。レーサーにはそれぞれ走り方のタイプがあって、合理的に無駄なく速く、そして最後まで走りきることがチームのキャプテンとしての僕の任務であったから、真ん中の性能のものを選ぶ。一方で何よりもスピードを重視する福澤君や川合君は一番速いエンジンを選んでいた。

あとは同じ条件下でセッティングして自分にとって一番速く走りやすい車『細谷号』をつくり上げていくわけです。マシンの調整能力も含めてドライバーとしての総合的な力を測るのがこの走行会の目的で、僕は常に最速タイム・最速ラップの記録を持っていた。恒例の走行会だけでなく、新しいマシンの記録会でも同じだったはずだけど、実は悔しいことに一度だけ最速タイムで1位が二人いる。

それが久木留君で、ターボ7の記録会の時でした。

ターボ7はニュー7の時の5ℓV8エンジンにターボ機能を装着したものですが、エンジンだけでなく徹底した車両設計の見直しと軽量化が行われました。

ニュー7から100kg減らすことを目標に、フレームは特殊アルミ合金へ。サスペンションアームやドライブシャフトなど要所にはチタンやマグネシウムの合金を使用。最先端のカーボンファイバーを補強に使ったFRP（繊維強化プラスチック）のボディカウル。ネジ一本からグラム単位で見直しを行い、結果的に乾燥重量６２０kgという軽量ボディができあがった。

普通なら何年もかけて開発される技術が１年足らずでまとめ上げられて実戦に投入されるのがレースです。空力を追求したボディ形状、デンソーの開発したターボ技術に、アイシン精機が総力をあげてつくり上げてきたギアボックスとクラッチ。海外製品は極力使わず、ターボ７のためだけに最適な部品がトヨタグループとヤマハで作られていき、かかった予算は１台２億円といわれています（この後、これらの技術はすべて量産車へと還元されていきました）。

テストで出した最高速度は３６３・３km／hで馬力は公称８００馬力。この馬力にも実

トヨタ博物館バックヤード内のターボ7。ちなみに背景に写っている４台の車は全てトヨタ 2000GT。（トヨタ博物館所蔵）

は有名エピソードがあって、記者から何度も同じ質問をされて、いい加減めんどくさくなった河野さんが嘘八百から「８００馬力ですよ」と答えたというもの。実際は１０００馬力以上あったと思います。

５速でもホイールスピンするほどトルクがあり、ステアリングできっかけさえつくれば、マシンの向きを自由自在に変えられた。それまで数え切れないほどの車に乗ってきた僕にとっても、ターボ７は最高のマシンだったと断言できます。

ただ、今でこそ言えますが燃費はリッター８００ｍでした。６２０kgのボディに２５０ℓのガソリンタンクを積んで走る。ガソリンの量の違いで操縦性がまるっきり変わるから、その感覚を体にたたき込む必要がありました。

まさにモンスターマシンでしたね。

ターボ７が完成した頃、川合君は「Ｏｈ！　モーレツ」のＣＭで有名な小川ローザさんと結婚して人気絶頂になり、二人でコロナのポスターにも登場しています。このポスターに使われた車が赤色でね。その後のいろんなＣＭに出るなら色の映える赤で車を統一させたいと川合君が主張して、第２回グランプリ以来の僕のカラーだった赤色を川合君に譲ることになってしまいました。

野球で言えば背番号を譲れというようなものです。本音を言えば譲りたくはなかったけど、河野さんに「川合もがんばっているのだから応援してやってくれ」と説得されてそれまで乗っていた車ごと赤を譲ったんです。その後に届いたターボ7の新車を、好きだったマクラーレンオレンジに塗って新細谷号にして、川合君が乗っていたブルーのノンターボは久木留君が引き継ぐことになりました。

僕らは「今度こそ日産に勝てる！」と信じて疑いませんでした。

川合君の事故とアメリカCan-Am断念

当時のレースの世界的なレベルでも間違いなくトップクラスだったターボ7は、結果として一度も公式のレースに出ることはありませんでした。

一番の理由であるその時代の社会的な背景を説明しましょう。

高度経済成長によって日本は急激に豊かになりました。車の生産台数で見てみると１９６０年は80万台だったものが10年後の１９７０年には５００万台（その内１００万台はアメリカへの輸出）を超えている。

でもね、それだけ増えたらマイナス面の方が大きくなってくるのも当たり前のことです。工場や排気ガスによる公害問題が表面化してきて、水俣病、新潟水俣病、イタイイタイ病、四日市ぜんそくが裁判で争われて、企業側の全面敗訴。今まで「何でもいいからドンドンつくれ」で進んできたものが「環境に配慮してつくれ。今まで汚した環境を回復しろ」に急激に方向転換したんです。

アメリカでも排ガス規制が強化されて、排出ガス対策をしない車は売ることもできない。当然、排出ガス対策の研究や開発費用は大幅に増額。その結果、時代の流れとまったく反対方向でエスカレートしていく自動車レースの開発競争に振り分ける人も費用もなくなっていった。

最大手のトヨタですらそんな状況ですから、他はもっとシビアです。日産もトヨタも熾烈な開発競争をしながら、その実、レースから撤退する時期を探っていたんでしょうね。

日産の「プロトタイプカーレース撤退」の発表は本当に突然でした。

R382で富士インター300マイルレースに参加し、総合優勝した翌日、1970年の6月8日に日産は日本グランプリへの出場中止の声明を出しました。12日には早々にJAFが日本グランプリの開催中止を発表。トヨタVS日産の対決は日産の勝ち逃げで終わりました。

でもこの時点ではトヨタは完成していたターボ7をあきらめる気にはなれなかった。あきらめるにはあまりにも惜しい性能があったからね。

7月26日の富士1000キロレースのスタート前にターボ7が2台とノンターボ7が1台、計3台でデモンストレーション走行をし、圧倒的な性能の高さを観客に見せつけました。日本がダメでもアメリカのCan-Amに挑戦したい。世界で戦いたい。僕らはまだまだ道が先に続いていると思っていたし、トヨタのトップも僕らの願いを受け入れて、Can-Am出場を認めてくれた。これが8月26日のことです。

その日、僕らは鈴鹿サーキットでテスト走行をしていて、Can-Am出場が決まってみんな喜んでいた。僕は一足先にピットに戻り、川合君の赤い車がすごいスピードで直線を走り抜けていくのを見ました。それは少し前までは僕のマシンで、トラブルなんてほとんどなかったと記憶しています。

その直後のこと、川合君の車はヘアピン手前のコーナーで、200km/hのスピードを減速できずコントロールを失って直進し、コースアウトして溝の反対側の壁に激突してマシンは大破。搬送された病院で川合君の死亡が確認されました。

福澤君に続いて川合君という二人のエースドライバーの事故死で、トヨタのターボ7プロジェクトは即座に中止に追い込まれ、一つの時代が終わりました。

僕はこれまでにチームメイト3人を事故で失いました。浮谷東次郎君、福澤幸雄君、そして川合稔君。僕は自分の予備のレーシングスーツのネームを外して、彼らに着せて見送った。チームメイトとして、戦友として僕にできることはそれだけだったんです。

※浮谷東次郎君だけはプライベートでレースに参加するためのテスト走行中の事故死でした。

TEAM TOYOTA休眠へ

川合君の事故でTEAM TOYOTAは休眠状態になりました。僕が休眠といっているのは、プロトタイプレーシングから完全撤退後、解散など何一つ宣言されることもなく、そのまま活動が止まちゃったから。TEAM TOYOTAは齋藤尚一副社長が命名して誕生したレースチームというだけで、もともとトヨタ社の正式な組織図のどこにもありません。

「DOHCエンジン」「ラック&ピニオン（ステアリング・ギア機構）」「ディスクブレーキ」「ターボ技術」「燃料噴射」などはすべてTEAM TOYOTAのメンバーがレースやテストを通して量産車にフィードバックしたものです。トヨタのレーシング活動の黎明期を支え、今に続く技術的な礎をつくった確固たる存在なのに、今トヨタの歴史やネットを見ても、名前はほとんど出てこない。ある意味、野崎さんが2000GTのデザイナーは自分だと言えなかったことと同じなわけです。

だからといって社内で軽く扱われているのかというと、それも違う。トヨタはいろいろなスポーツやプロジェクトをかかえていても「TEAM　TOYOTA」というアルファベット大文字のシンプルな名前はどこも使わない。つまり社内では存在を認められた上で、永久欠番扱いになっています。

齋藤副社長が故人となった今、「TEAM　TOYOTA」はトヨタ社内の誰にも解散させる権限がなく今も存在している。僕の名刺の肩書きがTEAM　TOYOTAであるのもそういうわけなのです。

冗談から生まれたトレノとレビン

TEAM　TOYOTAの休眠後、僕以外のドライバーは年間契約を解除され、TMSC－R（トヨタモータースポーツクラブ・レーシング）という子会社のチームへ移ってレースをしていました。僕も1971年から4年ほどTMSC－Rで活動しています。

実はトヨタのモータースポーツはラリーや耐久レースの方で細々と続いていました。日本でも市販車ベースのチューニングカーで耐久レースに参加していますし、ヨーロッパではスウェーデン出身のラリードライバー、オベ・アンダーソンと契約して1972年から技術と資金を提供していました（彼のチーム は後に『トヨタ・チーム・ヨーロッパ：ＴＴＥ』となります）。で、僕らが日本でレースをする目的は、ヨーロッパに送るラリー用の車の調整のため。関わっていたドライバーは僕と蟹江君と見崎君と久木留君だったかな。

そのメンバーでやったおもしろい話があってね。これもトヨタ側の歴史には今後も絶対に出てこないでしょうから、僕が書き残しておきます。

ちょうどトヨタがセリカを売り出した頃のこと。僕らが冗談で「セリカのエンジンをカローラに積んだらおもしろい車ができるんじゃないか？」と言っていたら本社の方から本当にセリカのエンジンとカローラの車体がヤマハのテストコースに届いちゃった。届いたからにはもうやるしかないでしょう。

チームのメカニックに杉山さんっていう板金のうまいメンバーがいてあだ名は杉山板金。彼が１週間で車をつくってくれた。それから僕らが好き勝手に部品やセッティングを変えて

ＴＥ 27 型。左はスプリンター・トレノ、右はカローラ・レビン。販売店が違うため名前が変わっているが、車台・内外装部品は同じ。（写真提供：ビンテージカーヨシノ）

乗り回して、だんだん走りやすい状態にしていってね。これはおもしろいって車に仕上がった。それがTE27型。スプリンター・トレノとカローラ・レビン（この2車種は車台・内外装部品のほとんどを共用する兄弟車）として発売され、その後、第7世代まで続くシリーズになったんです。

その年の第14回アルペンラリーに「お前らがつくったんだから宣伝してこい！」と参加させられて、ラリー常連組に徹底的にマークされてリタイアに追い込まれたのも今ではいい思い出です。

トレノとレビンは本当にただの冗談から始まった話だったけど、サーキットでレーサーだけが乗る特別の車《プロトタイプ》じゃなく、普通の人が公道を走って楽しめる車を僕らがつくった。つくったというと技術屋さんは違うっていうかもしれないな。ドライバーである僕らは一つ一つの部品はつくれないけど、その部品を組み合わせて、乗っていて楽しい、おもしろいという形に仕上げることができた。

これがね、僕の次の仕事にちゃんと繋がっていったんです。

次の仕事というのは、数年後にトヨタで本格的に始動する「車の評価ができるドライバー教育」です。

豊田英二社長から任された運転教育

1974年、僕は現役レーサーを引退しました。

レーサー引退後の僕の人生に指針を与えてくれたのは、豊田英二社長の一言でした。

「いい車をつくるには、きちんと車を運転して評価できる人材が必要だ。君にはトヨタの運転教育を頼みたい」

プロドライバーとして、今度は社内のテストドライバーを育成する教育やその組織体系づくりが僕の進むべき道となったんです。

僕はレーサー兼テストドライバーで実績もあったから、「新車をテストしてくれ、評価してくれ」と言われれば、僕はできるし、僕の言葉ならそれなりに聞いてもらえる環境があった。でも僕の後に続く人が誰もいなかったんですよ。

ものづくりを重視するトヨタではもともとエンジニアや設計、デザイナーの地位がすごく高くてね。末端の現場（メカニックや営業など）に運転の才能がある人がポツポツいたとしても、その人たちの言葉を車づくりに活かせる環境そのものがなかった。

このままではいかんと英二社長は考えていたんでしょう。同じような危機感を持っていた木村嘉昌《よしまさ》さん（当時車両試験課課長）の指示で、2000GT開発からレース活動までずっと一緒にやってきた松田栄三さん、木村恭二《きょうじ》さん（元ラリードライバーチャンピオン）、そして僕の3人でトヨタの運転教育（本社高速ドライバー教育・東富士高速ドライバー教育）をスタートさせました。これも本当に手探りでね、苦労しましたよ。

1970年代、当時がどんな状態だったか『トヨタ運転教育史』（トヨタ自動車技術管理部発行）から引用します。

『すべての始まりは車をよく知ること』（木村嘉昌さん）より抜粋

「当時はテストコースでの事故が多かった。

『トヨタ運転教育史』（トヨタ自動車株式会社技術管理部発行）

何でそんな事故を起こすのかと思ったが、きちっと教育されていなかったため、車の扱いがわかっていない。これが車両評価、そしてドライバー教育を本格的に始めるきっかけとなった。その一方で社内規制が厳しくてテストコースでも決まりを守って走行しなければいけない、まして外で交通違反でもしようものなら、つるし上げだった。そのため皆びびっており、こんなことでは評価できないと感じた。お客様は交通規則を100％守って運転しているわけではない。そういう中で、お客様と同じ運転をしなきゃまともな評価はできない」

「当時は乗り心地が最優先で、速く走る方はまだまだ重視されていなかった。上の方でも何をやらかすんだという雰囲気だった。こうした中で高速を含めた色々な評価の重要性を上の方々に散々した覚えがある。……中略……トヨタのテストドライバーだった細谷四方洋さんが一連のストーリーを示してくれた『ヤマハのテストコースくらい走れなきゃダメだ』との力強い言葉が後押しになった」

「上手い人はどんな車でも乗りこなしてしまう。だけど素人の運転感覚を再現、認識できないとダメ。素人に運転させて、いきなり目の前に人形を放り出す。その時素人がどういう操作をするか。そこまで再現して評価できないといけない。……中略……運転スタイルの流儀もいろいろあって、どの流儀でいくか随分もめた覚えがある。私が『うちの仕事をやってもらっているのは細谷さんだから、その流儀で習いましょう』と言って、細谷さんのオーソドックスな、いわゆるグリップ走行をトヨタの基本にしました。その流れがVSCとかの商品につながっているんじゃないですか？」

「ブレーキやハンドルなんかも各社で考え方が全く違う。トヨタのハンドルは甘いといわれてきたが、平均的な人間に対してアクセプト出来る車造りをしているわけで、遊びがないと普通の人間には扱えない。ドライバー教育そのものがある意味、車造りの思想につながっていて、どういう訓練を受けさせるかで、評価の仕方も変わってくる。……後略……」

『お客様に快適を提供するために』（松田栄三さん）より抜粋

「当時は、トラックにしろ乗用車にしろ出て来たモデルが全てトヨタにとっては新型だから車両評価の基準もないし、運転教育もなかったから、皆勝手に評価していたよ。設計から来た人などは運転もろくにできなかった。操縦安定性だ、ステアリング性能だなどといったレベルではなかった。とりあえず設計者に評価できるレベルの運転を教えて乗れるようにしようと色々な車に積極的に乗ってもらった。その後、名神高速道路ができ、ソアラ、セリカなど200㎞／hを超えて走る車が出て、評価ドライバーがその性能を確認できないようではいけないということで、高速ドライバーの育成を組織的にスタートさせた」

「私と細谷さんと木村さんとで立ち上げ、東富士テストコースにもよく行った。内周バンクの一番下を走行し、横Gと接地性を感じてもらい、その後バンクの一番上をガードレールに手が届くくらいまで上がって走ってもらう。上へ上がれと何度言ってもなかなか上がれなかった」

「開発車の評価はだいたい250項目ほどチェックするが、担当者が何人も評価し、その後皆で集まってこういう走りをしたらこんな音が出たとか、こんな現象が出たとかいろいろ言い合って、そうした打ち合わせの中で皆訓練されていった。そして評価基準・項目がだんだん増えていった」

木村さんと松田さんと僕の3人で、一から始めましたから苦労しましたよ。僕の役割は現場で具体的な運転技術をドライバーに教えること。一期生を教えるツールは自分でつくってね。BMWの運転教育にも自費で参加して参考にしました。一般のトヨタの社員は公道を規則通りに運転するだけで、それ以上のことができる人はほとんどいなかったから、自分から希望した人も上司からの推薦者もドンドン受け入れてとにかく教えまくった。トヨタ社員の運転技術の土台を引き上げることが僕の目標だった。

12人が基本単位。6の2グループ、4の3グループ、3の4グループとグループ分けしやすいからね。僕がやってみて、そして実際にやらせてみる。僕ができないことは人にはさせられない。これが僕の教え方。

山科忠専務が同じ冊子で僕の教え方を少し紹介してくれています。

「タウンエースの試乗会がラグナセカサーキットで計画され、そのためのテスト走行をヤマハで行おうとしたところ、木村部長から『お前達には危なくて走らせられない。まずは細谷さんに走ってもらい、細谷さんが大丈夫と言ったら、お前達も乗ってよい』と言われた。これが細谷さんとの出会い。その時すごいなーと思ったのは、細谷さんの2周目からのタイム。ずーっと一緒。その時、細谷さんから『同じ走りができないようではダメ』と言われ、3S運転（セーフティ・スムース・スピード）を教わった」

ここまでできるんだということを目の前で見せると、相手はすぐに納得して「自分でもそこまでできるようになろう」とがんばってくれる。初級・中級・上級とステップアップしていくシステムにして、できる人、やりたい人がドンドン上に行けるようにした。そういう中から車を評価できる優秀なテストドライバーたちが生まれていったんです。

その後に運転教育の重要性が認められてトヨタ社内のいろいろな部署で、特A教育（S級）や指名ドライバー制度、オフロード教育など様々な運転教育へと幅が広がっていった。だからね、英二社長に任せられた運転教育を、僕は次の世代にきちんと渡せたと誇りに思っているんです。

その後の経歴について

◆新車開発のアドバイザー

レビンとトレノのことも含めて、発売前にいろんな車に乗ってアドバイスをしました。

◆関連会社の運転指導員の教育（ATDIA「オールトヨタ・ドライバー・インストラクター・アソシエーション」）

オールトヨタというのは、全世界にあるトヨタの支社とトヨタグループと呼ばれる関連会社のこと。本社と同じシステムで運転指導する人材、つまり運転教育の先生たちを育てるシステムの確立です。

◆バス乗務員の運転教育

トヨタのバスが恵那山《えなさん》で事故を起こしたことをきっかけに、社員通勤用バスの運転手に対して安全運転指導を行うようになりました。始める前は僕に対して「元レーサーが大型車にまで口出しするな」という態度でしたが、ここでも「やってみせる」を実践。僕は大型免許も持っているし、車の輸送などで大型車の運転はやっていたからね。目の前で完璧にバスの運転をして見せたら、それ以降はしっかりと話を聞いてくれるようになりました。

◆社員の安全運転教育（ＴＤＳＳ「トヨタ・ドライビング・セフティー・セミナー」の設立）等

◆トヨタ博物館（トヨタ２０００ＧＴ・トヨタ７）　復元アドバイザー・運転ビデオの作成など

ボンドカーやスピードトライアルのトライアルカーの復元の監修。他にもトヨタ博物館の開館前に集められた車に乗ってビデオ撮影しました。１００年前から今日にいたる様々な車を実際に運転したドライバーはなかなかいないと思いますよ。

◆トヨタ・ヤング・ドライバーズ・クリニック　初代塾長

◆1990~93年までの外務省派遣・国連選挙監視団や総理府派遣のPKO要員に対する運転指導（ナミビア・ニカラグア・アンゴラ・カンボジア・モザンピーク計6回）

ランドクルーザーは耐久性と信頼性の高さから世界中で高い評価を得ていて、各国の政府機関でも利用されています。そのランドクルーザーで道なき道を走る講習です。PKOが派遣されるような土地には舗装された道の方が少ない。車に性能があっても人間が練習して乗りこなせないと移動もできませんからね。

◆1999年　警視庁運転免許課（都道府県運転免許試験場技能検定員）講師

◆2001年　中部管区警察学校（中部管区機動隊第一大隊）講師

◆退職後の経歴

・愛知県警察学校教務課（1980年~現在まで校長表彰19回）　講師
表彰年度（83・86・89・93・95・97・98・99・00・01・02・03・04・05・06・07・08・09・10）
・（社）愛知県安全運転管理協議会　安全運転管理者法定講習会　講師
・（社）愛知県指定自動車教習所協会　技能検定員（自動車学校の試験官）法定講習会　講師

・TMSC　名誉顧問

退職後の講師の多くもトヨタにいたときと同じく、自動車の乗り方を指導するプロの先生の「先生」です。先生は自分の練習の時はいくら失敗してもいいけど、生徒の前で失敗しちゃいけない。それで信頼を失っちゃうから。それは口が酸っぱくなるほど言いました。

そういう意味では僕も先生として、運転のプロとして絶対に失敗できなかった。常に緊張する仕事でしたが、やりがいがありましたね。残念ながら２０１２年に胸椎圧迫骨折による体調不良でやめることになってしまいました。

実は退職後の経歴に一つ心残りがあるんですね。それはスポーツライセンスを生かしたレース関係の仕事ができなかったこと。僕はＪＡＦが設立した年、１９６３年に入会して会員ナンバーは23番です。ＪＡＦはモータースポーツ統括組織だったからレースのライセンスのために絶対に入会しなきゃいけなかったんですよ。どうせだからとレースのライセンスだけじゃなく、スポーツライセンスである公認審判員Ａ１級（技術・計時・コース）も取得したんです。

いつかレースの審判員に……と思って毎年ライセンス更新していたんですが、いざなりたいと思って問い合わせたら年齢制限があってダメだって断られちゃった。でもスポーツライセンスは毎年ＪＡＦの窓口で更新して更新料金も支払っていたんですよ。年齢制限があるならライセンス手続きのときに教えてくれればいいのに。今の車は滅多に故障しないでしょ？　ロードサービスだけなら他の保険のサービスでまかなえるから、僕がＪＡＦの会員を継続していたのはライセンスのためだけ。ライセンスが更新されるなら仕事もできると思ったんだけどダメだって言われてショックでしたよ。会員番号23番と公認審判員Ａ１級を手放すのも悔しいから、こうなったらヤケクソで死ぬまで更新し続けますけどね。

愚痴はここまでにしておいて、僕ほど恵まれたドライバー人生を送った人間は少ないと思います。あらゆる年代の多種多様な車に乗って、その時々にしっかりとした成果を残していけた。本当に充実した人生でした。

でも僕のドライバー人生はまだまだ続いているんです。

次章では２０００ＧＴを愛した様々な人たちや、２０００ＧＴがきっかけとなって繋がった新しい人たち。そして、その人たちと今も続けているチャレンジのことを話していきましょう。

第2章

トヨタ2000GTを愛した男たち

＋

R3000GT《トヨタ2000GTスーパーレプリカ》の誕生

僕と共にトヨタ２０００ＧＴ開発時から関わった6人のメンバーの半数がすでに故人となってしまいました。今も健在なのは、高木英匡さんと松田栄三さんと僕の3人だけ。

昨年（２０１５年８月14日）催されたロッキーオートさんの「Ｒ３０００ＧＴメディア発表会」で、この3人が久しぶりに揃うことができたのはうれしい出来事でした。本書を制作するにあたり、お忙しい中、再度ご登場いただき心より感謝しています。第1章でもお二人からは時系列などのアドバイスや貴重な証言をいただきました。本当にありがとうございます。

トヨタ2000GT製作の生き証人！

エンジン／補器担当

高木英匡氏

左：2015年8月14日のR3000GTメディア発表会にて。右：1966年当時の写真。

略歴

1935年：昭和10年生まれ
1959年：トヨタ入社
1963年：主査室（製品企画室）に異動。2000GT開発の最初から関わり、トヨタのレース黎明期を支えるメンバーとなる
1970年：排気ガスコントロールなど環境対策コーディネート
1975年：アメリカ・ニューヨークで外国の法規制や安全対策のコーディネート
1980年：製品企画室主査となり特殊装備車の改造などを担当
1988年：埼玉の車両部品会社へ出向
1999年：退職

■製品企画室主査室の中のレース部門に異動になったのは？

高木　河野さんが一人だけだった主査室に僕が異動になったのが1963年の10月でした。第2回日本グランプリの準備開始の頃です。僕は車が好きで学生時代にいろんな車に乗ったりしていたことを見込んでくれたのかと思います。翌年の1月に細谷さんが入ってきて3人になりましたね。彼が尾道から初めて出て来たとき、僕が名古屋まで迎えに行きました。

■2000GTを一緒につくった野崎さん（デザイン担当）はどんな方ですか？

高木　野崎さんと山崎さんと僕の中では野崎さんが一番年上ですね。東京芸大でインダストリアルデザインを学ばれてトヨタのデザイン部から製品企画室に異動してきました。製品企画室でも最初は違うグループにいてコロナの車両開発をしてたんですよ。すぐ近くで、同じフロアの隣の隣のブースくらい。河野さんはレース用車両の開発ができるデザイナーを探していて、アートスクール帰りの野崎さんのデッサンを見て、「うちだったらそれがつくれるぞ」って野崎さんを引っ張ってきました。ひらめき型でちょっと理屈っぽいところがあるけど、趣もあってとても才能のある人でしたね。

■2000GTを一緒につくった山崎さん（シャシー担当）はどんな方ですか？

高木 山崎さんは一言でいうとたたき上げの職人タイプ。工業高校卒でトラックのシャシーの設計をいくつもこなしてきていて、とにかく実力のある腕のいい設計者です。この人も頑固でね、言うべきところは言うという「うるさ型」。3人の中では僕が一番年下で経験が浅くて立場が弱かった（笑）。

■エンジンや部品の配置場所で相当議論されたと伺いました。

高木 野崎さんにはアメリカでの経験をふまえたGTカーへの理想イメージがありました。それを元に2000GTのコンセプトを考えていきましたから、デザインを崩したくないという野崎さんの主張はわかります。でも実際にエンジンや部品を配置するスペースが狭くてね。どうやって配置するのかを散々議論して1／5原図を消したり描いたりしていました。

■1／5原図とはどういうものですか。

高木 マイラー紙という製図用シートは幅が1mくらいのロール状で10㎝方眼になっています。これを大きな製図板に貼って1／5サイズで自分の担当する部分を3人で交替しながら描いていったんです。1／5サイズだと車の長さも1m程度で紙の中におさまるから全体が見えてバランスがよくわかる。9月から始めてヤマハとの打ち合わせが始まった後も何度も手直

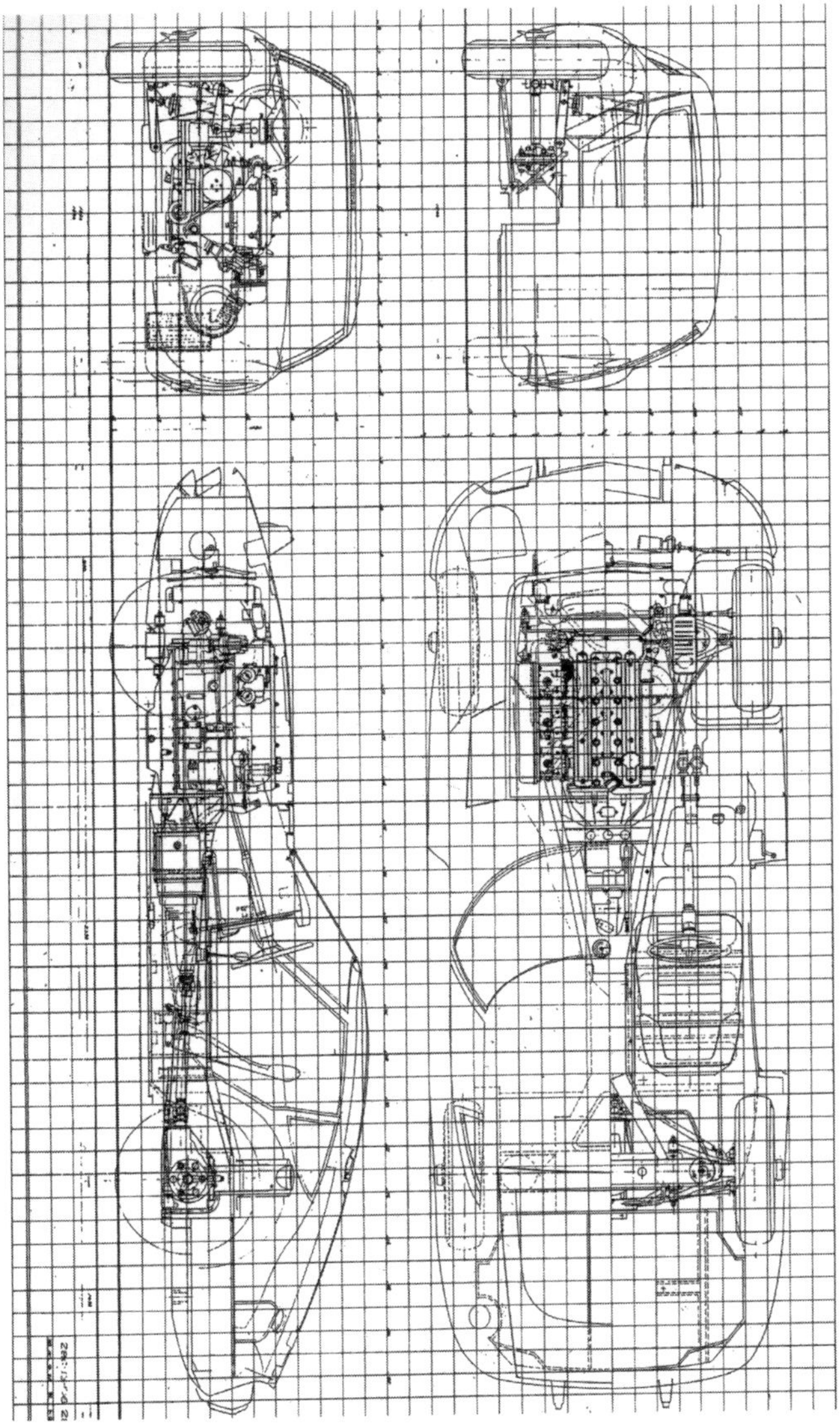

5分の1原図。出典：吉川信（2002）「TOYOTA 2000GT」p.25.　K.A.I
ISBN 0-932128-10-6

ししました。余談ですが、ヤマハとの提携は11月からで、提携を知らされていない頃は、どこにつくらせればいいのか本当に真剣に議論していましたね。

■実際の設計の流れは?

高木 1／5原図をベースにして、その後、各部を展開して1／1原図を描いていきます。1／1原図というのはボディの設計をする時に製造用に作るもので、大きいため普通は図面に乗っかって描いていきます。この1／1原図の時に細谷さんが野崎さんを手伝ったのでしょう。

■基本設計がトヨタで製造はすべてヤマハと言われていますが。

高木 全部が全部ヤマハじゃないですよ。トヨタも部品をつくっています。トランスミッション、デファレンシャルギア(差動装置)、ステアリング、ブレーキ。これらはトヨタ設計部門が設計し試作しました。トヨタの指導で2000GT用にヤマハにつくってもらったものが電装品(ランプや各種モーターやワイパーなど)。純粋にヤマハが担当したのはボディとエンジン、そして組み立てです(これも計画段階や設計段階でトヨタの設計部門が関与し承認しています)。でもヤマハの力がなければ2000GTは完成できなかったというのは、紛れもない事実ですよ。

■スピードトライアルは高木さんがいろいろ手配されたとか？

高木　もともとは河野さんやレースのアドバイザーだった池田英三さん、トヨタ自販の商品企画部門が企画しました。僕がやったのは実際に２０００ＧＴの性能と照らし合わせてどの世界記録が狙えるのか計算したり、実行計画書の作成です。計算上は何とかできるんじゃないかと思っていましたが、事前練習は故障だらけでなかなか現実は厳しいものだなと（笑）。

■本番ではいかがでしたか？

高木　何もかもが初めてですし、コンピュータどころか電卓もない時代です。あっても手回し式計算機（タイガー計算機）という手動で桁を切り替えて計算するものくらい。みんな手で速度とラップを計算していました。記録達成するための目標スピードがあって、そのスピードに近づけるようにドライバーに無線で指示を出して……と無我夢中でしたね。

■高木さんにとって2000GTとは？

高木　私の会社人生の一つの大きなエポックですね。２０００ＧＴはあらゆる面で画期的でした。一つの時代を築き、未来を切り開いた車であったと思っています。

トヨタ2000GT製作の生き証人！

開発テスト・レース実務担当

松田栄三氏

左：2015年8月14日のR3000GTメディア発表会にて。右：1964年当時の写真。

略　歴

1930年：昭和5年生まれ
1948年：トヨタ入社。市販量産モデルのテスト及び問題対策・開発に携わる
1962年：第１回グランプリの時からレースサポート業務につく
1964年：主査室（製品企画室）に異動 2000GTの開発テストやレースを担当
1969年：車両試験課に戻り、マーク２やコロナなど市販量産モデル開発に携わる
1982年：第２技術部、士別試験場建設
1985年：インドネシアで現地会社指導
1990年：定年退職
1991年：マリーン事業企画室に再就職
1994年：再退職

※勤続年数45年はトヨタ自動車の最長記録

■松田さんはいつからレースに関わっていらしたのですか？

松田　私が製品企画室主査室のレース部門に正式に配属されたのは細谷さんよりも後ですが、レースサポートは第1回グランプリから携わっていました。レースのレの字も知らないトヨタでしたが、アドバイザーの池田英三さんの指導で何とかうまくやっていけました。逆に初回からうまくやって売り上げを伸ばしたことで他のメーカーからひどく妬まれて、第2回、第3回グランプリでは相当な妨害をされましたね。

■妨害とはどういうことがあったのですか？

松田　いろいろありましたが、例えば第2回グランプリでは不備もないのにレース前日にクラウンの車検を通してもらえず、河野さんに相談したらトヨタ全車引き上げの指示が出たんです。引き上げ準備をさせていたら、負けてもいいから出場しなさいと指示が変わった。第2回グランプリから主催者となったJAFの名誉総裁、高松宮様が入院されていてレースの成り行きを大変心配しておられる。トヨタが出ないとなったらよけいに心配をかけてしまうという理由でした。ここまでされてもレース後の他社のレギュレーション違反を黙認して勝利を譲った話など、まあいろいろありますよ。でも譲れないこともありました。

■どんなことですか？

松田　第3回グランプリの時のことです。2000GTでの細谷さんの3位ですが、最初は失格と放送されたんですよ。コーラの瓶を踏んだことが原因でダートに入って4秒で自力で走り出したのに、観客に押して助けてもらっただろうとあり得ない言いがかり（観客が入れない場所だった）で、これは猛抗議して撤回させました。あの当時はとにかくメーカー同士の争いが今とは比べものにならないほど熾烈で、レース場はそんなメーカーの思惑が凝縮されていました。トヨタにとってグランプリはどんなに不利でも出場しなければならない戦場だったんですよ。

■トヨタは日本グランプリの他は長距離や耐久レースへの出場が多かったですね。

松田 最初の頃は大小各種レースに出ていたんですが、トヨタのワークスチームがクラブマンレース（レース愛好家による草レース＝アマチュアレース）で賞金稼ぎをするような真似はみっともないという河野さんの判断で長距離や耐久レースに的を絞りました（ただ腕がなまるからと個人参加では出ていました）。つまり、メーカーとしては車の信頼性をアピールできるレースを選んでいたわけです。

■長距離・耐久レースでトヨタが強かった理由は？

松田 長距離・耐久レースのやり方はだいたい決まっていました。各ドライバーの最高ラップタイムよりも3〜4秒遅く設定して、全く同じタイムで正確にコースを回るようにするんです。他の車と競り合うことよりも、時計のように正確にタイムを守ることを優先していると、他が勝手にリタイアしていってくれる。注意するのはラップタイムに乱れが出た時。最終コーナーに顔を出すタイムが1秒遅れたらシフトミスかブレーキミス。2秒遅れたら追い越しに手間取った。3秒遅れたらスピンしてグリーンに入ってきた。4秒遅れたらクラッシュしたか何らかの故障が原因。タイムから予測してすぐにメカニックが対応できるようにする。トヨタ車の性能の高さや信頼性と同時に、細谷さんをはじめとしたドライバーたちが0・5秒以下の誤差で本当に正確に回ってきてくれたからできた作戦ですね。

■この本の内容を事前に読まれたときに松田さんから「強いお願い」があったと伺いました。

松田　1号車の開発までは確かに細谷さんがおっしゃる通り、トヨタ側の実動部隊は6人でしたが、その後レースや号口《ごうぐち》車（トヨタ用語で市販車のこと）になる過程で関わった人たちがたくさんいたんです。それはトヨタ自工だけではなく協力会社から派遣されてきた人もいました。トヨタ（自工）が自社の設計者や技術員はレースには関わらせないという方針だったからです。トヨタ市販車の開発で手一杯だから自社の人は出せない。必要な金ならば使ってもいいから、とね。河野さんや自販のレース担当窓口だった須々木さんが協力会社にお願いして回って人を出してもらい、何とかトヨタのレース部隊ができあがった。いろんな会社の人が混じった混成部隊です。指示待ち人間なんて誰もいない。みんな自分の仕事をきっちりこなせるプロフェッショナルばかりですよ。細谷さんが本を作るのであれば、2000GTの開発テストやトヨタのレースに協力してもらった人たちのことをぜひ書き残して欲しいと思ったのです。

■その人たちはどんな仕事をされたのですか。

松田　例えばメカニックの人たちは、レースの頃には家にも帰れなくなることが何日もある重労働でしたね。トレーニングでは毎回車を整備して、故障かクラッシュして走れなくなるまでドライバーが乗り回します。その後ミーティングしてエンジン関係はヤマハに送り、それ以外の部分はこちらで修理・整備、そしてトレーニングの繰り返し。レース前は工場で完璧に整備。レース場に移動して車検を受けて、本番では秒刻みに動き回ってレースが終わったら工場まで車を持って帰る。レースで限界まで走った車を元の状態に戻すのがまた大変でね。ヤマハやメカニックがそうやって整備してくれるから、レーサーは安心して限界までチャレンジできるんです。トヨタのレースを支えた縁の下の力持ちですよ。他にも２０００ＧＴを号口車にするための様々な開発テストをするメンバーもいました。

■号口車（市販車）にするには何をするのですか。

松田　試作車から号口車にするためにはいろんな試験をして問題点を洗い出して一つ一つ解決していくんです。苦労したのは中部山岳地でのオーバーヒート試験や富士降坂ブレーキ試験、都内走行テスト、本社テストコースや谷田部外周悪路の耐久試験などですね。レースに使う車には何人ものメカニックがついて整備していますが、一般市販された車にメカニックはついていません。自分で整備できる人も少ない。そういう前提で販売されるんですから厳しいですよ。乗り心地や操縦性、走行安定性、使用性、安全性、動力性能、ブレーキ性能、振動、騒音、サービス性など、当時の評価項目すべてをクリアしていかないと号口車にはできないんです。

※市販車について。主としてテスト・評価を担当していたのは、メカニックでは都築・中村・栗谷・武士（自販）・今井（自販）など。他、トヨペットサービスセンター、ヤマハ、ダイハツの人たちも加わっています。

■他に印象に残ったテストはありますか？

松田　火災テストも行いましたね。古い2000GTの車内にガソリンをかけて燃やしてみました。スポーツカー用の黒いシートは燃えやすくてね。夏と冬で2回行い、外気温によるガソリンの気化速度や資材の燃え方の違いを調べました。50年後にこんな高価な車になるなんて思わなかったから（笑）。車がボロボロになるような過酷なテストも相当行いましたよ。そういうテストをみんなで手分けして行っていたんです。

■細谷さんもそのようなテストに参加されたのですか。

松田　細谷さんはもちろん主力です。評価項目になっているテストには大抵は参加してもらっていましたし、それ以外でも私が思いついたテストやちょっと試してみたいことなどはまず細谷さんにやってもらっていました。細谷さんの走りは誰よりも無理・無駄がなく正確で安定していましたから、テストする側としてはデータが取りやすかったですね。

■164ページのリストはレースやテストに関わった人たちなのですね。

松田 私は1969年に第七技術部が発足したタイミングでレースから離れました。ですからリストは第七技術部発足前の混成部隊の頃のものです。3ℓ7でレースをしていてニュー7の開発段階で大変な激務でしたが、運用上の人間関係のトラブルはありませんでした。ここに集められた人たちは何だかんだ言ってもみんな車好きでしたからね。私は混成レース部隊の長であり運用責任者で、ヤマハや現場との連絡・調整・計画作成から実施までをすべて取り仕

1967年4月富士スピードウェイ24時間レース、優勝時の写真。
（162、163ページの写真提供：松田栄三）

切っていましたから、どこに誰がいたのか一番詳しい。いろんな記録から関わった人の名前をできる限り書き出してみましたが、名字だけで下の名前が出てこない人もいます。もしかしたら抜けている人がいるかもしれませんが、50年前のことであるのでどうかご了承願いたい。

※エンジンを含むレース車の生産・整備、及び2000ＧＴの号口生産はすべてヤマハ発動機へ依託。トヨタに対するヤマハの窓口として、田中俊二さんが担当されました。ヤマハ側の部門と担当の方々のお名前は今回は省略させていただきます。

トロフィーのほんの一部。どんどん増えて置く場所がなくなったため、レースグループのボーリングの景品となった。これらはレースグループ全員で手に入れたものであるから、皆に還元するという趣旨である。

レースグループ。トヨタ、ダイハツ、ヤマハ、デンソー、トヨペットサービスセンター、トヨタ自販の合同チーム。

トヨタレース部門名簿（1964～68年）

この期間は製品企画室が中心となって2000GTとレースを担当していた。この名簿にあるトヨタ社員の多くは1969年に発足する第七技術部のメンバーとなる。

業務	所属	担当	氏名
主査	トヨタ製品企画室		河野二郎
企画設計		エンジン（レース全般）	高木英匡
		シャシー	山崎進一
		外形デザイン	野崎諭（2000GT）、三田部力（改良型）、山本紘一（レース全般）
ドライバー		世界記録樹立ドライバー	細谷四方洋、田村三夫、福澤幸雄、津々見友彦、鮒子田寛
			大坪義男、見崎清志、蟹江光正、川合稔、久木留博之、浮谷東次郎
総括・事務	トヨタ製品企画室 外山工場	総括・人事	佐々木真平（係長）、加藤秀夫
開発テスト レース		2000GT・レース車、 レース、号口	松田栄三、都築、中村、栗谷、辻
技術員	トヨタ	レース	加藤真（アメリカでの2000GTレース）
	トヨペット サービスセンター	レース	風間（2000GT）
	ダイハツ	レース	小田陽一
	トヨタ製品企画室 外山工場	2000GT、号口	長野勇、黒岩、柘植俊二（2000GT）
	トヨタ自販	2000GT、号口	今井
メカニック	トヨタ	2000GT、レース	平博（工長）、高橋敏之（チーフ）、都築憲司（チーフ）、河村敏彦、成瀬弘、沢弘康、杉山利勝、中村武彦、根本武、板東龍雄、堀尾幸雄、高橋鍵次、内藤宏、中原邦博、栗谷正彦、辻徹二郎、鵜飼好文、神谷茂正、井上博之、川合龍治
	トヨタ自販		武士
	トヨペット サービスセンター		平林康邦、斉藤忠夫、藤原正照、垣ヶ原孝雄
	ダイハツ		長崎宏、黒田
その他	デンソー	トレーニング・レース	志賀（後に役員）、樋口、山田
	NGK		牛島（メカニック）
アドバイザー	フリージャーナリスト	2000GT、レース全般	池田英三
モーター スポーツ担当	トヨタ自販	2000GT、レース全般	須々木、三木、平田

スーパーレプリカR3000GTの誕生！

1965年の8月14日、トヨタ2000GTの1号車が誕生。それから50年を経て2015年の8月14日、2000GTのスーパーレプリカであるR3000GTが誕生した。

これをつくったのは世界のトヨタではなく、愛知県岡崎市にあるロッキーオートという知る人ぞ知る旧車・名車のレストア専門店。このR3000GTは市販の車をベースにした改造車ではない。トヨタ2000GTを元に部品を一からつくって再現したもの。それらはすべて著者である細谷四方洋監修のもとで行われた。

二人の出会いからスーパーレプリカ完成にいたるまでの一部始終をロッキーオート社長、渡辺喜也氏との対談でご紹介する。

（写真提供：ロッキーオート）

■細谷さんと渡辺社長の出会いを教えてください。

細谷 渡辺社長と初めて会ったのは8年くらい前(2007年頃)だったかなぁ。僕がトヨタ博物館のイベントに招待されたときでしたかね。

渡辺 細谷さんと、日産の元レーシングドライバー柳田春人さん、桑島正美さんの3人がレジェンドドライバーとして招かれていたんです。僕も招待されていて、ちょうど柳田さんと桑島さんと一緒に雑談してたんですよ。柳田さんは「雨の柳田」「Zの柳田」、桑島さんは「黒い稲妻」と異名を持つくらいのすごいレーサーで、僕も尊敬していました。そこにちょうど偶然、細谷さんが通りかかって、いきなり柳田さんが立ち上がって直立不動で「先輩、今日はご苦労様です!」ってびしっと挨拶したんですよ。何事かと思いました。それから細谷さんも僕たちのテーブルでしばらく話していたんですが、柳田さんと桑

ロッキーオート社長
渡辺喜也氏

島さんが細谷さんに対してはバリバリの敬語。細谷さんが席を立たれてからこっそり「細谷さんってどういう方なんですか？」って聞いたんです。「何言ってんだ。俺らの大先輩だよ」「今はおとなしい方だけど、昔はホント怖くて近づけんかったのよ」って。知識としてはもちろん細谷さんのことは知っていましたけど、柳田さんと桑島さんがいきなり敬語に切り替わるくらい大先輩ってところにびっくりしたんです。

細谷　彼らが活躍した頃とは完全に時代が違うからね。年齢も一回り違うから、大先輩になるのかな。あの頃は僕も勢いもあったし、まわりはなかなか近寄ってこなかったなー。でも今じゃ随分まるくなりましたよ。

■2000GTのスーパーレプリカをつくろうと思ったきっかけは何ですか？

TEAM TOYOTA
キャプテン
細谷四方洋（著者）

細谷 初代のプリウスが発売されたとき（1997年）にね、プリウスのエンジンを2000GTに乗せたら、当時よりも高性能でパワフルなすばらしい車になるんじゃないかなと思っていました。当時、雑誌社から頼まれた原稿にもそのことを書いたんですよ。文字数の都合で消えてしまいましたが……。その頃はできたらいいなぁという夢のようなものでした。

渡辺 僕の方は2013年の5月だったと思います。アメリカでトヨタ2000GTが1億2000万円で落札されて話題になったでしょう。あれはさすがに高すぎるだろうと思ったんですけど、そこから2000GTについていろいろ考えるようになりましてね。今確認されている200台くらいの2000GTのうち何台が東京・大阪間を走れるんだろうって。細谷さんのまわりにいらっしゃるオーナーさんたちはものすごく手をかけて整備していらっしゃいますから、今でもしっかり走れます。逆にいうと、お金も時間もかけて整備しないと現代の道路事情で2000GTに乗って走ることは難しいんですよ。だから、今の車と同じような感覚で乗ることができる2000GTを作ることができないかなーと考えたんです。それで2000GTをつくるとなったら細谷さんに協力してもらうしかないだろうと。

■偶然にも、お二人で同じようなことを考えていたんですね？

渡辺　でも製作したいと思ってからしばらく悩んでました。初めてお会いしたときに名刺をいただいていたので連絡先はわかっていたけど、もう何年も前の話ですし、いきなり電話をかける度胸がなくて、どうしようって（笑）。そんなふうに悩んでいたら２０００ＧＴのオーナーの伊藤さんって方からお電話があったんですよ。この伊藤さんは細谷さんとお友達でしたから、「伊藤さん、僕、細谷さんに電話かけていいかな？」と。そしたら伊藤さんが「昨日まで細谷さんと一緒に尾道に行っていたから、今なら家にいるんじゃないか？　今すぐかけろよ、繋がるから」と言われて、その勢いですぐ電話しましたね。

細谷　僕の方はお電話をいただく少し前に、別の人からロッキーオートさんが２０００ＧＴを手掛けるらしいという話を聞いていて、ロッキーオートさんならいいものをつくるだろうなと思っていました。ですから、お電話をいただいてお手伝いできると聞いてホントうれしかったですね。居ても立ってもいられなくなっちゃった。

渡辺　電話してその日ですよ。僕の方から出向きますからって言ったのに、「僕がそっち行くよ」って細谷さん自ら会社まで来て下さって、すぐに意気投合してレプリカをつくることが決まりました。

■トヨタの車を勝手につくっていいの?と考える人たちがいます。その点についてお伺いして

いいですか？

細谷 トヨタは何にも言えないと思いますよ。もう30年以上も前、僕がまだトヨタで働いていた頃の話です。２０００ＧＴの20周年のときに富士スピードウェイで「２０００ＧＴ友の会」が開催されて僕も招かれましてね。そこでオーナーの方々から「修理をしたくても正規の部品がなくてみんな大変困っている。トヨタさんで何とかしてもらえないか？」とお願いされたんです。そこで僕はトヨタの上層部にその要望を伝えたんですよ。「今、修理はどうやっているんだ？」って聞かれたから、「オーナーの方が自分たちで部品をつくって何とかやりくりしています」「じゃあそのまま続ければいいだろう。20年前に３００台程度しかつくられていない車の部品なんて供給できるか」とね。僕だけじゃ説得できないと思って、今度はヨシノ自販（ビンテージカーヨシノ）社長の芳野正明さんに当時の副社長宛にオーナーの事情を伝えて対応をお願いした手紙を出してもらいました。結果、返事もなし。僕はトヨタの人間としてオーナーの方々に申し訳ない気持ちでいっぱいでしたよ。

渡辺 僕は日産系の車を中心にレストアとフルモディファイを長年やってきましたが、トヨタだけじゃなく日産もマツダも大手はみんな同じですね。どんなに名車であっても、昔の車の部品の供給はしてくれないんです。イタリアのフェラーリやドイツのポルシェやメルセデスベンツには、レストア部門やオールドタイマーセンターというものがあって、メーカー側の体制ができているんですけど日本にはない。だから僕みたいなレストア専門店が手に入らない部品を一つ一つ手作りして対応しているんです。

細谷　部品を勝手につくればいいなんて、メーカーとしては義務の放棄のようなものだと僕は思っています。だったら部品を全部つくって1台の車を組み立てたって文句言う筋合いはないでしょ。2000GTに1億2000万円という高額な値段がついたのも、今でも200台以上が残っているのも、全部オーナーさんたちが大切に大切にしてきてくださったからなんですよ。

渡辺　オーナーの方たちは本当に大切にしていらっしゃるからオリジナルは保管して守りたい。でも気軽に乗りたいという気持ちもある。だから実際に注文して下さっているオリジナルのオーナーの方も多々いらっしゃいます。ここで一つ言っておきたいのは、R3000GTはただのレプリカじゃない、スーパーレプリカだって僕は言っています。実はR3000GTは2000GTよりもトレッドが少し広いんです。トレッドが広いと車が安定して走りやすくなります。スタビリティを追求してトレッドを広くしたけど、オリジナルの持つ「野崎ライン」の美しさはそのままで違和感なんて全くないでしょう？　安全性と美しさの共存に徹底的にこだわった。だからスーパーレプリカなんですよ。

■**現在ハイブリットモデル**（ＲＨＶ：ロッキー・ハイブリッド・ヴィークル）**とガソリン車モデル**（Ｒ３０００ＧＴ：ＲはＲｏｃｋｙの頭文字から）**がありますよね。ハイブリットを先にしたのはやっぱり細谷さんのご希望ですか？**

渡辺　細谷さんの夢の実現ということもありますが、話題づくりというものもあります。旧車のレプリカやレストアを手掛けているところは多いんですが、ハイブリットモデルをつくるところはないんです。だったら最高の名車である２０００ＧＴで最初にハイブリットをつくってやろうと。話題性を考えてハイブリットを先に持ってきただけで、ガソリン車も実際は同時進行でつくっていました。

細谷　ハイブリットもちろんすばらしいですよ。静かでスムーズです。でも僕にとっての２０００ＧＴはやっぱりガソリン車なんですよ。ハイブリットはＦＦ（前輪駆動）なんですが、ＦＲ（後輪駆動）の方がいい。いろいろ欲が出て来てね、昔のようにキャブレターをつけたいとか、どんどんオリジナルに近づけていきたくなっちゃうんですよ。

■**ハイブリット版で苦労された点は何ですか？**

渡辺　アクアのエンジンを使用したんですが、高さがあってエンジンルームに入らない。コンピュータ制御のエンジンそのものは触れないでしょう？　だからセンサー類の位置や角度を変えて何とか納めることができました。ただアンダーカバーが5度くらい角度が違うんです。それだけが細谷さんも僕も気に入らなくてね。R3000GTではオリジナルと同じ角度にしました。

細谷 ハイブリットは全部コンピュータ制御だから、ちょっといじっただけでもエンジンがかからなくなっちゃう。高性能で便利なんだけどそれが困るよね。

渡辺 そう、エアバッグシステムもデジタルメーターも切れない。デジタルメーターなんて似合わないよと言われましたが、全部コンピュータで連動しているから切り離したらエンジンがかからない。いろいろと本当に難しかったですが、おかげでワイヤレスドアロックもエアバックも、今のハイブリットの技術は全部移植してますよ。

細谷 ハイブリットの技術はとてもすばらしいですよ。でも30年50年その車を乗り続けることができるかというと、できません。2000GTが50年乗り続けられたのはね、電子制御が一切ないアナログだから。部品をつくろうと思えばつくれる。個人でも何とか修理できる。これが一番の理由です。ロッキーオートさんのR3000GTも長く乗り続けてもらうために最終的にはキャブレターまで再現してもらいたいと思っています。

渡辺 今後はキャブレターもつくっていきたいと思っていますし、ゆくゆくはターボ仕様もオプションで選べるようにしていきたいと考えています。

■ガソリン車の排気量は3000㏄ですよね。どうして2000㏄じゃなかったんですか?

渡辺 今の生活や道路事情に合わせてみると2000㏄ではパワーが足りないんです。例えば軽自動車が高速を走ろうとすると、ものすごくアクセルを踏み込んでエンジンを頑張らせないといけないでしょ? 排気量2000㏄だとエアコンをつけるのも気を遣うような感じになってしまう。逆から考えると、排気量が大きい方が運転するにも余裕があって楽で疲れないし、エンジンに無理をさせないから壊れにくいというメリットもある。現代においても快適にドライブできること。そのためにはどうしてもパワーのあるエンジンが必要でした。

細谷 R3000GTのエンジン(2JZ-GE)はDOHCの直列6気筒で、僕が以前乗っていたアリストと同じ。スープラもこれだったと思う。いいエンジンですよ。トヨタでも一番売れたエンジンじゃないかな。

渡辺 数が出ているというのはそれだけ高性能で安定していて信頼性が高いということです。すべて昔と同じ方がいいというのもすばらしい価値観ですが、ロッキーオートとしては今の道路事情で快適に気持ちよく走れる車をご提供したかったわけです。

細谷 2000GTの開発コンセプトに、「長距離を高速で快適にドライブできること」、「日常的に利用できる高級車」という項目があったでしょ。50年前のあの時代は2000GTがベストでした。R3000GTは今の時代にベストな車であるべきだと思います。「長距離を高速で快適にドライブできるグランド・トゥアラー」。これこそが２０００ＧＴのスーパーレプリカとしてＲ３０００ＧＴが継承していく基本理念なんです。

渡辺 これからターボモデルやスポーツインジェクション、ソレックスキャブもラインナップしていきます。この本が出る頃にはボンドカー（オープンカー）も完成している予定です。Ｒ３０００ＧＴはまだまだ進化していきますよ。

R3000GT　スペック

製造	ロッキーオート
車両名	R3000GT
ベース車名	TOYOTA2000GT
PR	R3000GTの名前の通りエンジンはトヨタ製の直列6気筒エンジン2J 3000ccを搭載。フレームやガラス、エンブレムなど細かなパーツ類からすべて製作して完成させたスーパーレプリカです。

標準仕様	
エンジン	2J　直列6気筒　3000cc（2JZ－G型直列6気筒DOHC3L）
燃料噴射	EFI(電子制御式燃料噴射装置)
トランスミッション	電子制御4速 AT
駆動方式	FR
ステアリング	パワーアシスト式ラック&ピニオン
サスペンション	ダブルウィッシュボーン式コイルスプリング
ブレーキ	前後４輪ディスクブレーキ

オプション設定
● スポーツインジェクション　● 5速マニュアルミッション　● 直列6気筒ターボ

スーパーレプリカ『R3000GT』はこうして作られた！

10年以上前にオリジナルの2000ＧＴからつくられた型を入手したんです。その時は珍しいものを手に入れたと思ったくらいで何かをしようとは考えていませんでした。ですが、このプロジェクトを思いついたときに初めてその型が使えると思いましたね。

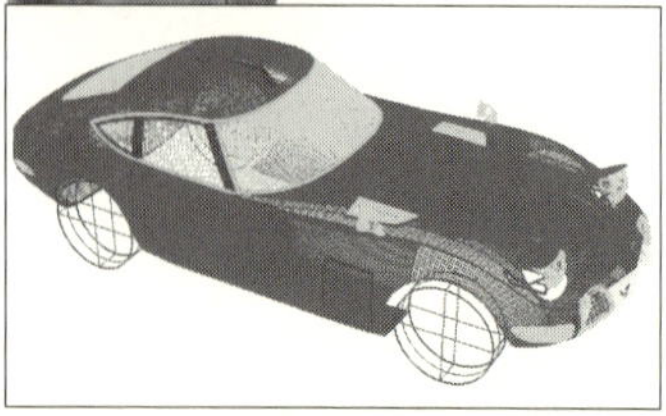

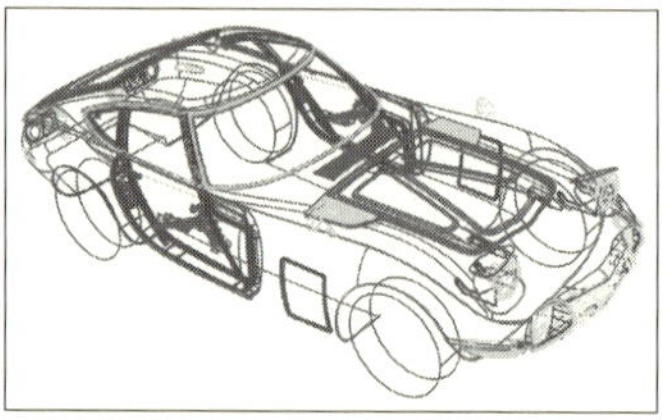

型をまっ二つに切って真ん中を継いで横幅少し広げました。その型をもとにして、ポイントを入力していき形状のCADデータを作成。その後、野崎ラインの美しさを損なうことがないように全体の形状を整えていきます。

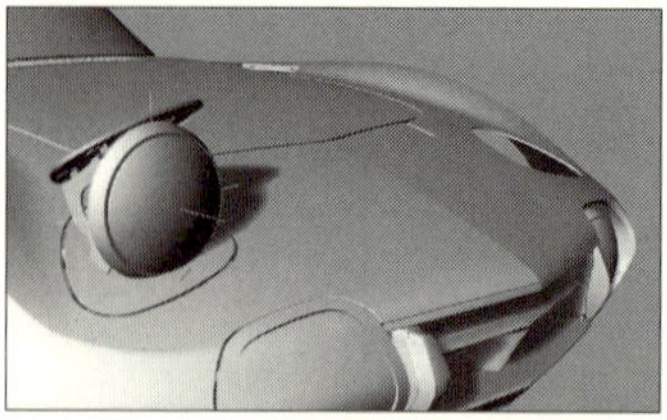

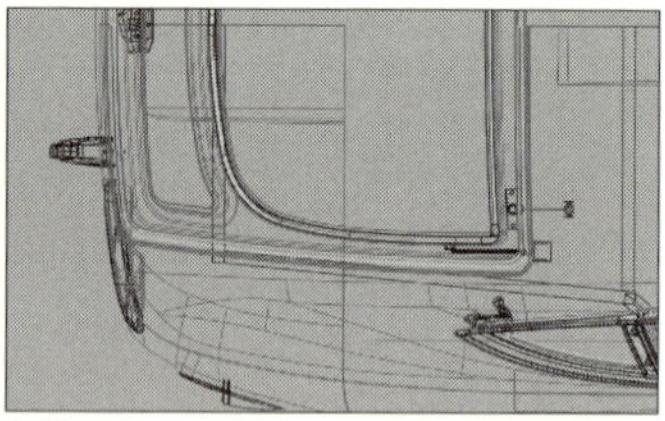

CADデータ上で細かい部品のつくり込みを行っていきます。あらゆる部品をデータ上で作成。主要部品だけで数百点になりました。

Rゲート

Fアンダーカバー

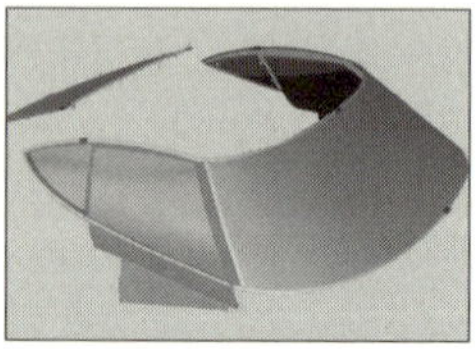

ガラスモール

①モックアップ＝R3000GTの実物大の型です。
②ここからメス型をとって、樹脂を注入します。
③強度を保つために現代の工法で何層にも貼り合わせています（軽く叩いていただくとボディの強度がわかります）。
④強化樹脂繊維製のボディを塗装して磨き上げていきます。
⑤このボディに、トヨタ製直列6気筒ツインカム24バルブ3,000ccの2JZ-GE型エンジンを搭載。

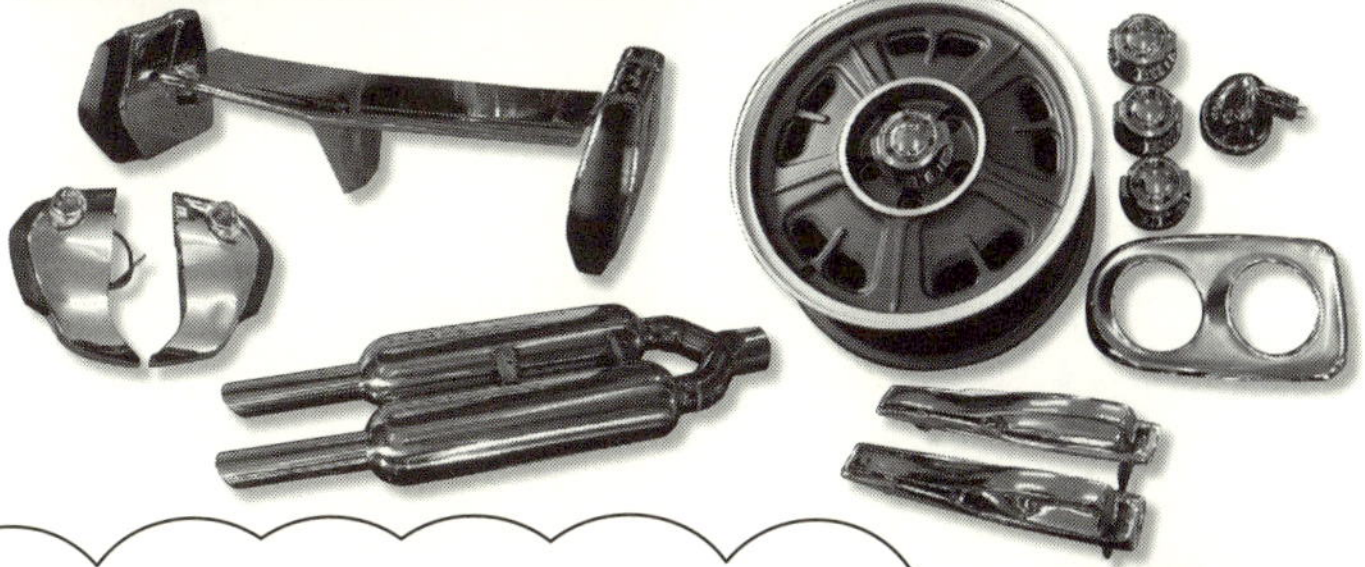

R3000GTのパーツは実はオリジナルに使えるものも多いんです。このプロジェクトには様々な業者が関わっており、僕らの目の届かないところで2000GTの名を汚すようなことを画策する業者もいたと聞きました。立派なお客様が多いと、逆にそういう輩が出てきてしまうのです。情けないことではありますが、お客様には十分気をつけていただきたいです。

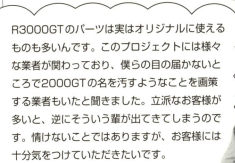

新工場が軌道に乗ればもう少しペースもあがると思いますが、現在（2016年7月）の納期は4年です。

ほぼ手作りに近い工程ですから、1台つくるのに数ヶ月以上かかります。

国土交通省に申請して車検証を取りましたが本当に大変でしたよ。膨大な公認申請書類を提出しました。このプロジェクトに携わった様々な人々の助けを借りて、みんながかんばってやっと申請許可が下りたんです。

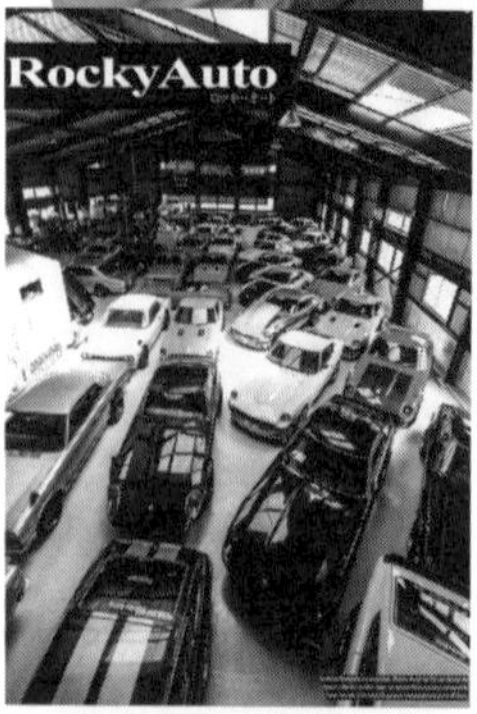

会社名	株式会社イーグルコーポレーション
店名	Rocky Auto
住所	〒444-0003 愛知県岡崎市小美町字殿街道153
電話番号	0564-66-5488
FAX番号	0564-66-5499
営業時間	9：00～18：00
サイト	http://www.rockyauto.co.jp/
代表取締役	渡辺 喜也
設立年	1987/7/1
業務内容	旧車総合ディーラー、コンプリートカー製造・販売・公認取得他 別事業部：ダスキンサービスマスター西三河（愛知・浜松）

本社社内（写真上）：G WORKS 掲載写真
新工場（写真下）

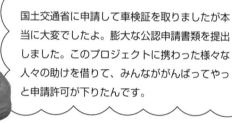

新たなるジャンル、スーパーレプリカ！

旧車・ビンテージカー・クラシックカー・名車と言われる車のあり方は、これまで大きく二つに分かれていました。一つは完全ノーマルの当時のままの旧車・名車です。これらは一切改造せずにそのまま後世に残すべきだと思いますので、当社でも完全ノーマルな旧車はそのまま保管してます。もう一つの方向性としては乗るための旧車です。快適装備を搭載してさらに足回りやブレーキに至るまですべてにおいて本物の性能を上回る状態で安全に快適に走れるように仕上げた旧車です。

そして、スーパーレプリカであるR3000GTの登場によって、新たなジャンルが生まれました。名車のデザインや特徴をそのまま残しつつ、設計の段階から現代の道路事情に適した改良を行い、ボディの部品を一からつくって組み立てていく。名車の形状でありながら現代の車と同じように誰もが快適に気持ちよく楽しくドライブできる。

これがロッキーオートのスーパーレプリカです。

実際につくってみてわかったことですが、スーパーレプリカを製作するには会社としての企画力や技術力、そして体力（資金力）が必要です。まあ、億単位のレベルですね。僕もこれだけあればできるだろうと多めに見積もって予算を組んだんですが、最初のプロトタイプをつくるまでの製作開発のみで当初の予算の1.5倍かかりました。書類関係の経費や細かい諸々を合わせると約2倍ですよ！　腰が抜けて、正直やるんじゃなかったと思いましたね。

でもその段階で予約してできあがりを楽しみにしてくれているお客様がすでに何人かいらっしゃいましたし、何よりも細谷さんの信頼を裏切るわけにはいかない。歯を食いしばってやりぬいて完成にこぎ着けて、現在では新工場も建設して生産も軌道に乗りつつあります。

今後は納期を短くしてできるだけ早くお客様のもとにお届けすること。これが今の目標ですね。

RHVで燃費トライアルにチャレンジ！

２０１５年５月22日、２０００ＧＴハイブリット（ＲＨＶ）のプロトタイプで燃費トライアルを行った。

コースは２区間。第１区間として「岡崎ＩＣ～海老名ＳＡ（新東名経由）」の上りコース、第２区間として「新東名の駿河湾沼津ＳＡ ～浜松ＳＡ」までの下りコースを設定。上りコースの記録はリッター37・７㎞、下りコースの記録はなんとリッター41・１㎞。これは市販車の燃費としては世界一である。

世界一を記録した燃費トライアルについて、僕と共にハンドルを握ってくれたセカンドドライバー、オートレジェンド事務局長、加藤俊介氏との対談でご紹介する。

オートレジェンド
事務局長
加藤俊介氏

■燃費トライアルを始めようと思い立ったきっかけは何ですか？

細谷　燃費トライアルは実は僕は2回目なんですよ。1回目は1964年第1回トヨタ技術会エコノミーラン。パブリカでリッター32・2㎞の記録を出して優勝しています。トヨタ運転教育史にもありましたが、僕は昔からどのレーサーよりもタイヤの減りが少ない走りをしていて、車にムリをさせない走りは得意中の得意なんですよ。

加藤　細谷さんのお話を聞いたロッキーオートの渡辺社長が「じゃあ燃費トライアルをやろう。セカンドドライバーは加藤君よろしく」と即決です。せっかく細谷さんが協力してくれるんだからと、「ベストカー」（株式会社講談社ビーシー）編集部の梅木部長、岐阜の「カーゾーン」（株式会社カーゾーン）の編集長の臼井さんと広告事業部長の富田さんを立会人にしてメディアを巻き込んだイベントにしました。

■当日の様子を教えていただけますか？

細谷　僕はいつも朝5時か6時には起きますから、その日も朝早く起きて僕の体調は万全でした（笑）。でもRHVのプロトタイプで長距離や高速道路を走るのは初めてでしたから、そのあたりがちょっと心配でした。でも走り始めたらすぐに「大丈夫いける」と思いましたね。

加藤 詳しいスケジュールは183ページと185ページにある通りです。9時にロッキーオートを出発して新東名高速道路の「岡崎IC～海老名SA（新東名経由）」で燃費トライアルをして、お昼に東京でベストカーの取材を受けてから帰ってくるというものでした。

■あれ？ 上りコースと下りコースで2回トライアルを行ったんですよね？

加藤 実は最初は上りのコースしかトライアルするつもりはなかったんです。上りの記録はリッター37・7㎞。これはすごい記録だと大喜びで渡辺社長に電話すると「リッター40㎞超えなかったかー。理論上はいけると思ったんだけどなー。残念だー残念だー」とものすごく悔しそうでね。そりゃリッター40㎞いけたら世界一ですから、すばらしいですよ。でも細谷さんの体力的に僕は難しいと思ったんで、社長にそう言いました。

細谷 カーゾーンの富田さんから渡辺社長がすごく悔しがっていると聞いてね。せっかくここまでやったのに世界一になれなかった、すご

RHV 燃費計測結果（満タン法による）		
区間	①上り 岡崎IC ～海老名SA	②下り 駿河湾沼津SA ～浜松SA
走行距離	252.4km	116.4km
給油量	**6.69ℓ**	**2.83ℓ**
燃費	**37.7km/ℓ**	**41.1km/ℓ**
走行状態	通常の高速走行（80～100キロ走行）	燃費チャレンジ走行（80キロ前後走行）

燃費トライアルのタイムスケジュール：1

日　　時：2015年5月22日午前9時スタート。
第１区間：岡崎IC ～海老名SA(新東名経由)にて満タン法にて計測
第２区間：新東名の駿河湾沼津SA ～浜松SAにて満タン法にて計測

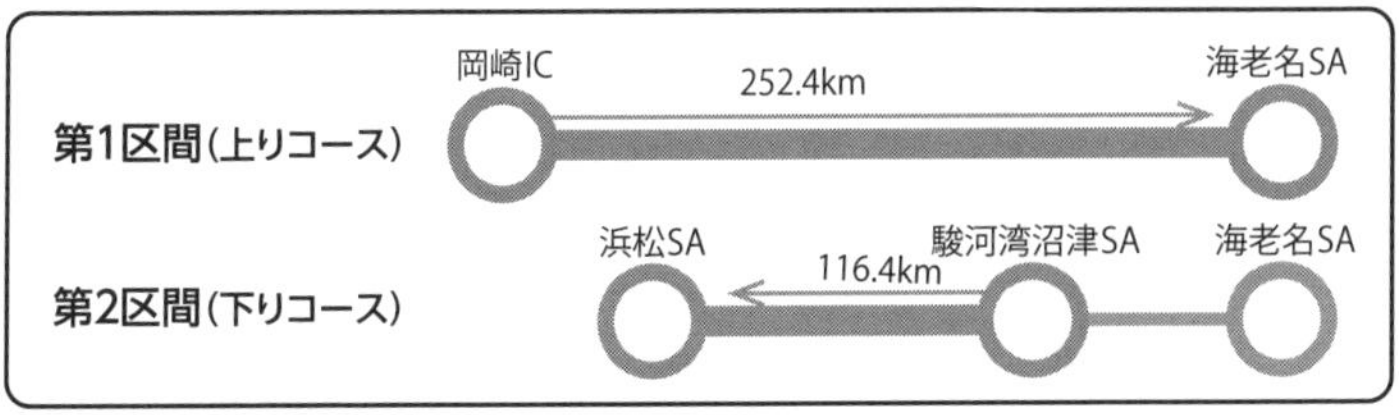

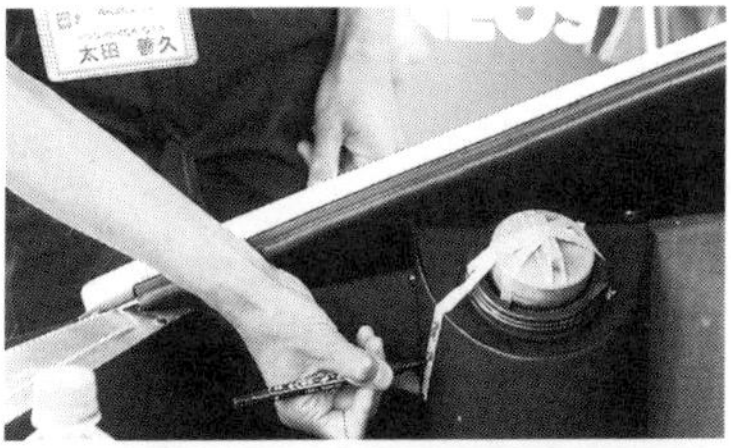

出発前に岡崎IC入口のスタンドで満タン給油。正確なデータを測定するためにスタンドのスタッフに封印とサインをお願いする。なお燃費は走行後に減った分のガソリンを給油して給油量を確認し算出(満タン法)。
※RHVのプロトタイプであるため給油口がトランクの中にある。

第１区間の岡崎から新東名の浜松SAまでは加藤氏がドライブ。浜松SAで著者細谷四方洋とドライバーチェンジ。
浜松SAから駿河湾沼津SAまでの116.4kmをドライブする。上りコースは80～100キロでの一般的な高速道路走行を行い燃費を計測した。

無事に海老名SAに到着したチームロッキーを出迎えてくれた「ベストカー」編集部の梅木部長（写真右）に封印をカットしてもらい給油量を計測。わずか6.69ℓで252.4kmを走破。燃費はリッター37.7キロを記録した。

く悔しいという気持ちは僕にはよくわかる。だから僕が帰りにもう一度やりましょうと言いました。

■下りコースではいかがでしたか？

加藤 距離は上りコースより短く設定しましたが、細谷さんいきなり本気モードになりましたよね（笑）。「加藤君、窓も閉めてエアコンは絶対につけないように。速度は80㎞／hでエンジンの回転を一定にして走る。モーターで走れるところは全部モーターで走って」などいろいろ細かい指示をいただきました。5月とはいえ暑かったですよ（泣）。

細谷 ハイブリットには燃費をかけない走り方というものがあるんです。2回目のチャレンジは夜でライトをつける分、1回目より不利になりますから、削れるものはできるだけ削らないとダメだと思ったんです。まあ昔は真夏の耐久レースでもクーラーなんてありませんでしたからね。それに比べれば少しくらい暑くてもがまんしていただきたいと（笑）。

■記録達成した瞬間はどんな気持ちでしたか？

加藤 浜松サービスエリアで給油したときにね、ガソリンを入れ始めてすぐ止まったんです。ギリギリの満タンまで入れても2・83ℓ。それを見た瞬間、やったーって思いましたね。リッ

燃費トライアルのタイムスケジュール：2

都内某所にて「ベストカー」編集部の取材を受け、RHV の構造や開発経緯を解説。この時の話は「ベストカー」にも特集として掲載された。
この特集を契機に様々なメディアから注目されるようになる。

２回目のチャレンジはすでに日が落ち、夜間走行となる。リッター 40 キロを達成すべく約 80 キロ走行に徹する。道路も空いている時間帯でもあり記録に期待がかかる。そして浜松 SA で最後の給油。

116.4km を走破で給油量はなんと 2.83 ℓ。ということはリッター 41.1 キロ!! これはハイブリッド車の実用燃費としては世界一と言える数字!!
まさに歴史的瞬間だった。

燃費トライアルのために結成された「チーム・ロッキー」のメンバー

左から
「カーゾーン」広告事業部長：富田総一郎
「カーゾーン」編集長：臼井崇
ロッキーオート社長：渡辺喜也
キャプテン：細谷四方洋（著者）
セカンドドライバー：加藤俊介

※写真 & コピーはクルマ情報誌「カーゾーン」の特集より抜粋

ター41・1㎞で思わず細谷さんと握手しちゃいました！　ロッキーオートに戻ってきた時間は夜の11時頃で細谷さんはいつもならとっくに寝ていらっしゃる時間なのに、そこにいる誰よりもうれしそうにニコニコして元気でしたよ。

細谷　世界一ですからそりゃうれしいですよ。1位じゃなきゃ価値がないというのは僕は常々言ってきましたからね。トライアルをサポートしてくれた人たちも含めて「チーム・ロッキー」全員の勝利ですよ。

■どうして世界一という燃費記録が出たんですか？

細谷　RHVが驚くべきリッター41・1㎞を記録した理由として考えられるのは、まず車重が軽いこと。RHVは970㎏でトヨタ・アクアより約100㎏ほど軽くできています。そしてもう一つはボディの空力性能がよいことです。これはオリジナルの2000GTのボディ形状が素晴らしいということに他なりません。現代でもそのことがハッキリとした数値で証明されたんです。

■燃費トライアルのベストカーでの特集から一気にメディアの注目を浴びたとか？

加藤　このあたりはドンピシャで渡辺社長の思惑が当たりましたね。それまでは業界内で知る人ぞ知る話だったのに、ベストカーの特集が出てからすぐにＹａｈｏｏ！ニュースが取り上げてくれたことで、一般の人たちにも一気にＲＨＶのことが知れ渡りました。３ヶ月後の８月14日のＲ３０００ＧＴメディア発表会には車関係の様々な雑誌の記者が来てくれましてね。いろんな雑誌の記事を見るたびに、うれしくてワクワクします。もちろんＲ３０００ＧＴもＹａｈｏｏ！ニュースに載りました。Ｒ３０００ＧＴについては今後も企画やイベント盛りだくさんですし、もっともっとアピールしていきたいですね。

「ベストカー」2015年7月号。燃費トライアルの時の取材が掲載され、Yahoo! ニュースに取り上げられた。

チームロッキーのメンバーでもある「カーゾーン」。通巻300号記念の表紙に！

「Gワークス」2015年6月号と旧車のすべて

「ノスタルジックヒーロー」。開発途中から現在までいろいろな記事を紹介してくれています！

「旧車FAN」vol.2

「オプション」2016年6月号

年表

年		出来事	レース結果・その他備考
1938	3月8日	細谷四方洋、広島県にて誕生	☆は細谷プライベート
1945	8月	広島への原爆投下　1ヶ月後に父を亡くす	☆
1946		小学3年生の頃、進駐軍のジープで初運転	☆
1948〜		小学5年生の頃、Uコンで模型飛行機を飛ばす	☆
1954		16歳の誕生日に免許を取りにいく バイク納車のアルバイト	☆
1956		日立電気特約店に就職	☆
1958		結婚	☆
1963	5月	第1回日本グランプリ	プライベータとして参加　パブリカにて3位
		野崎、アートスクールセンターへ短期留学	2000GT関係
	10月	高木、主査室へ異動	2000GT関係
1964	1月	細谷契約ドライバーへ	☆
	冬	トップより「レースで勝てる車をつくれ」と指令が下る	2000GT関係
	5月	第2回日本グランプリ	パブリカ　浅野優勝　細谷2位
	7月1〜14日	アンポールトライアル（オーストラリアラリー）	クラウン　細谷完走
	8月	野崎・山崎、主査室へ異動。プロジェクトチーム結成。 基本構想（コンセプトなど）開始	2000GT関係
	9月	5分の1スケールの基本計画図製作開始	2000GT関係
	9月〜10月	ヤマハの社長がトヨタに来社	2000GT関係
	10月〜11月	ヤマハと正式契約	2000GT関係
	11月	松田、主査室へ異動。 野崎、高木、山崎の3人が浜松ヤマハ設計室に拠点をつくる ヤマハ側との打ち合わせ・細部計画スタート	2000GT関係
	12月初め	5分の1基本計画図完成	2000GT関係
1965	3月	第4回ナショナルストックカーレース	クラウン 田村優勝
	4月	ヤマハ、プロトタイプ製作スタート	2000GT関係
	8月14日	1号車（280A）完成、納品	2000GT関係

	10月	第12回東京モーターショーでプロトタイプ発表	2000GT関係
	10月	オール関西チャンピオン	コロナ1600S　細谷優勝
	11月	鈴鹿300キロレース	トヨタスポーツ800　細谷優勝
	11月	TEAM TOYOTA結成（齋藤尚一副社長命名）	2000GT関係
		アルミボディ（311S）を2台製作	2000GT関係
1966	1月	第1回鈴鹿500キロレース	トヨタスポーツ800　総合優勝（細谷1位、田村2位）
	3月	第4回全日本クラブマン	トヨタRTX　細谷優勝　福澤2位
	3月	富士テスト	トヨタ2000GT　1号車炎上
	5月	第3回日本グランプリ	トヨタ2000GT（311S）細谷3位
	春〜夏	2000GTボンドカーに選ばれる。製作	2000GT関係
	6月	第1回鈴鹿1000キロレース	トヨタ2000GT（311S）　福澤／津々見組優勝　細谷／田村組2位
	10月1〜4日	谷田部FIA公認記録会	トヨタ2000GTによるスピードトライアル
	10月	第13回東京モーターショーでトライアル車展示	2000GT関係
1967	春	トヨタ7（415S　3ℓ V8）開発スタート	トヨタ7関係
	3月25日	鈴鹿500キロレース	2000GT鮒子田優勝　トヨタスポーツ800津々見2位
	4月8〜9日	富士24時間レース	2000GT総合優勝（細谷・大坪組）
	5月	第4回日本グランプリ	トヨタ欠場
	5月	トヨタ2000GT発売（238万円）	2000GT関係
	6月	映画「007は二度死ぬ」公開	2000GT関係
	7月	富士1000キロレース	2000GT細谷／田村組優勝　大坪2位
	7月	鈴鹿12時間レース	トヨタ1600GT　福澤／鮒子田組優勝
	10月	2000GT第13回東京モーターショーで展示	2000GT関係
1968	1月	トヨタ7（415S）試作車完成	トヨタ7関係
	2月〜4月	トヨタ7（415S）テスト走行	トヨタ7関係
	5月3日	第5回日本グランプリ	トヨタ7　大坪8位、鮒子田9位

年	月日	出来事	関係・結果
	5月中旬	トヨタニュー7（474S・クローズドボディ5ℓV8）開発会議	トヨタ7関係
	6月30日	全日本鈴鹿自動車レース	トヨタ7　細谷優勝、大坪2位、蟹江3位
	7月21日	富士1000キロレース	トヨタ7　鮒子田／蟹江組優勝
	8月4日	鈴鹿12時間レース	トヨタ7　細谷／大坪組優勝、鮒子田／蟹江組2位
	8月25日	全日本鈴鹿自動車レース	トヨタ7　鮒子田優勝、大坪2位、見崎6位　※細谷欠場
	9月23日	鈴鹿1000キロレース	トヨタ7　福澤／鮒子田優勝
	10月1～21日	コロナ発売記念、世界一周スピードラン	☆
	10月20日	NETスピードカップ	トヨタ7　福澤2位、鮒子田5位　※細谷欠場
	11月23日	日本Can-Am	トヨタ7　福澤4位、大坪5位、細谷6位
	12月上旬	ニュー7（474S）試作車テスト走行	ニュー7関係
1969	1月19日	鈴鹿300キロレース	トヨタ7　鮒子田優勝　大坪2位
	2月1日	第七技術部発足	トヨタ7関係
	2月12日	袋井テスト	福澤幸雄、事故死
	3月27日	ニュー7（474S）完成　シボレー5.8ℓ8V搭載	ニュー7関係
	4月6日	鈴鹿500キロレース	トヨタ7　川合優勝
	4月20日	全日本クラブマン（富士）	トヨタ7　鮒子田優勝、大坪2位（415S最終レース）　※細谷欠場
	5月	ニュー7（474S）オープンに改造	ニュー7関係
	7月27日	富士1000キロレース	トヨタニュー7　鮒子田／大坪組優勝
	8月10日	NETスピードカップ	トヨタニュー7　鮒子田優勝、川合2位　※細谷欠場
	8月	トヨタ2000GTマイナーチェンジで後期型へ	2000GT関係
	10月10日	第6回日本グランプリ	トヨタニュー7　川合3位
	11月23日	日本Can-Am	トヨタニュー7　川合優勝
	11月	5ℓターボエンジン（91E）計画開始	ターボ7関係
1970	4月	ターボ7（578A）完成	ターボ7関係
	7月26日	富士1000キロレース前にターボ7でエキシビション走行を行う	ターボ7細谷・川合　ノンターボ久木留
	8月26日	鈴鹿テスト	川合稔、事故死　トヨタ・プロトタイプレース撤退

		トヨタ2000GT生産終了	2000GT関係
1972		TE27型開発　14回アルペンラリー参加	☆
1973		トヨタ　ワークス活動を中止	☆
1974		レース活動引退	☆
1979〜		トヨタ本社・東富士高速ドライバー教育立ち上げ（〜1998年まで）	☆
		関連会社運転指導員の教育	☆
		バス乗務員の運転教育	☆
		社員の安全運転教育	☆
1987		トヨタ博物館　復元アドバイザー・運転ビデオの作成	2000GTトライアルカー、ボンドカー復元
		トヨタ・ヤング・ドライバーズ・クリニック　初代塾長	☆
1990		国際協力PKO要員の運転指導	☆
1998		トヨタ退職	☆
1999〜		警視庁運転免許課　講師	☆
2001〜		中部管区警察学校　講師	☆
2002		トヨタ・モータースポーツ・フェスティバルでターボ7を運転	ターボ7
		愛知県警察学校教務課　講師	☆
		愛知県安全運転管理協議会 安全運転管理者法定講習会　講師	☆
		愛知県指定自動車教習所協会 技能検定員法定講習会　講師	☆
		TMSC　名誉顧問	☆
2007		ロッキーオート渡辺社長と出会う	R3000GT関係
2013		スーパーレプリカプロジェクト始動	R3000GT関係
2015	5月22日	ハイブリッドモデルRHVで燃費トライアル	R3000GT関係
	8月14日	R3000GTメディア発表会	R3000GT関係
2016	9月18日	本書発行&R3000GTボンドカー仕様、発表	☆　R3000GT関係

あとがき

トヨタ博物館　8代目館長　杉浦孝彦

本書の書き出しが「僕の父は広島に落とされた原爆で亡くなりました」とある。原爆投下から70余年、オバマ米大統領の広島訪問もあった今年、普段そのような辛い経験を微塵も感じさせない細谷氏だが、あらためて悼みたい。

本書では戦後すぐの木炭バスの乗車経験や進駐軍との交流（小学校3年生でジープを運転！）など、自動車好きな細谷氏の少年時代が遑しく生き生きと描かれている。

私も自動車博物館に勤務し、展示車のジープ（フォードGPW・1943年）や木炭乗用車・薪トラック（トヨタBM型トラック・1950年・レプリカ）を見て、その構造や使われ方の知識を得ているが、実体験として記述は貴重だ。1936年頃から1950年頃まで使われた木炭バスは、始動時に木炭の燃焼を促進させるために、送風機のクランクレバーを回さなければならず、実際には大人でも力のいる作業である。小学生では大変な作業だっただろう。またジープは、戦場の攻撃時や退却用に「すぐ・誰でも」始動スタートができるように、イグニッションキーはなく、氏の説明のとおり、ペダル上のスイッチを踏むとエンジンが掛かる仕組みとなっている。

その後、自転車、小型エンジン付き二輪車、三輪車となっていく。いずれも小口の配達用であった。まだ四輪車は少なく、大型トラックまたはバス以外は小型四輪トラックやタクシーであった。やっと四輪自動車が世の中に出始めるのは、1940年代後半からである。このように、ていねいに戦後の日本自動車史を述べるのは、細谷氏の幼年期から青年期にいたるまでの実際の足跡がまさに日本のモータリゼーションの発展過程そのままで重要な記述なためである。

1950年代に入ると、大型トラックやバスが中心の自動車の発達の中、新規メーカーも参入し軽便車・軽自動車の小規模ながら生産、またタクシーを中心に乗用車が出始めた。そして、1960年代には日本は本格的モータリゼーション時代となる。

1963年名神高速道路一部開通、その前年鈴鹿サーキットが完成。1962年に完成した鈴鹿サーキットは本田宗一郎氏とその片腕と言われた藤沢武夫氏（当時専務）が作られた。本田宗一郎氏は、戦前の国内レースや多摩川スピードウェイで行われた全日本自動車競走会にも出場されたスピード狂でもある。この常設の本格的サーキットは確実に日本車の性能向上に貢献している。

1963年鈴鹿サーキットで開催された第1回日本グランプリレースに、細谷氏は知人のピンチヒッターで出場。ほとんどノーマルのパブリカで見事クラス3位入賞。勤めも辞めてレースの練習に打ち込む気風の良さと根性・持ち前の才能がその後の細谷四方洋氏を作ったと言える。またそれは幸運も呼び込む。トヨタ自動車工業・製品企画室の河野二郎氏との出会いである。河野氏に招かれ、トヨタ自工常勤嘱託となり、後には河野主査の元でトヨタ２０００ＧＴの開発に参画し、またスピードトライアル挑戦、レースに参戦することになる。

私は何度も細谷氏から直にお話を聞いたり講演を聴講しているが、今回意外だったのは、「僕はレーサーでありながら、石橋を叩いても渡らないというくらい慎重な性格です」という言葉であった。テストドライバーはレースで速く走るのと同じくらいに、仔細に異常を察知する「危機管理能力」と、車を止める「決断力」が必要。この真摯な姿勢が、その後ＴＥＡＭ　ＴＯＹＯＴＡのキャプテンとして重要だったのだと思う。

第12回東京モーターショーは１９６５年10月29日〜11月11日まで晴海国際貿易センターで来場者数１４６万５８００人と前年を26％も上回る賑わいで開催された。このショーで人気をさらった２０００ＧＴの試作車（参考出品）は、何の前触れもない登場だったため世間を驚かせた。国産初の本格的ＧＴカーを目の当たりにした見学者の受けた衝撃は大きかっただろう。

モーターショーのショーカーを見ると、生産モデルと細かなディテールは異なるものの間違いなくトヨタ２０００ＧＴである。１年半でこのような完成度を持つプロトタイプが製作されたことに驚く。トヨタ博物館にも同車両があり、乗車時は多少窮屈だが、ドライバーズシートに座ればウインドウ越しの視界、計器盤の心地よい囲まれ感、まさに本格グランツーリスモの空間である。単に性能やスタイルだけでなく、室内パッケージングを含め完成度の高さに驚かされる。

本書では「当時のトヨタは技術もデザインも世界レベルに達しており、２０００ＧＴは生産コスト・効率に難があり販売的には成功と言い難くても、宣伝・アピール効果として大成功だった」と述べられている。事実、現在トヨタ博物館での展示車中、人気は断トツである。


１９６０年代後半にはトヨタ２０００ＧＴによるレース活動は終わり、プロトタイプレーシングカーの時代になる。耐久レース主体のＧＴカークラスから時代はスピード重視＝スプリントレースが人気の中心になってきた。トヨタも本格的なレーシングマシンの検討を進めていた。当時、ルマン24時間耐久レースなどヨーロッパ系のグループ６のレースより、アメリカのＣＡＮ－ＡＭシリーズのようなグループ７のレースの方が、圧倒的なスピードと迫力で観客を魅了していた。

トヨタでは大容量エンジンを開発したとしても、他への技術の転用が不可能であること、大馬力車両の経験が乏しいことを考え、また、将来Ｆ１あるいはグループ６への利用も考慮し排気量3リットルを選んだ。小容量エンジンでも軽量なボディとの組み合わせでバランス良く設計すれば、十分競争力の高いマシンができると考えた。しかし、この第1段階のトヨタ７の開発コンセプトはどっちつかずであり、このスタート時点の曖昧さが日産との対決でそのまま敗北に繋がってしまった。だがその後の全日本自動車レース、富士１０００キロレース、鈴鹿耐久12間レースなどプロトカーレーシングカーの中での耐久性が群を抜いていたことは特筆すべきであろう。

また文中ではＴＥＡＭ　ＴＯＹＯＴＡ結成前に練習中に亡くなった浮谷東次郎氏、３リットルのトヨタ７練習中での福澤幸雄氏、トヨタ７ターボでの川合稔氏、３名のレーサーへの鎮魂の言葉も心に沁みる。

１９７０年になると、排気ガス規制対応の研究や開発費用が大幅に増額。また、レーシングドライバーの不慮の事故で日本グランプリレースが開催中止となる。細谷四方洋氏がキャプテンを務めたＴＥＡＭ　ＴＯＹＯＴＡは休眠となった。

その後も、細谷氏は「いい車をつくるには正確に車を運転して評価の出来る人材を育てるため」社内のテストドライバー教育に尽力された。氏が話された「レースで速く走るのと同じくらいに、仔細に異常を察知する『危機管理能力』と、車を止める『決断力』が必要」と言う言葉思い出される。細谷氏はそれを実践できる技術と精神力を持つ最適任者だったのであろう。

本書は大変わかりやすく記述されている。細谷四方洋氏自身が自らの目・耳で体験し、歩んだ歴史を、ご自分の言葉で記録された資料であり貴重だ。他の書籍や調査・研究記録では、子引き・孫引きといって既成の資料を集めてまとめているものも散見される。やはり、実際にｆａｃｅ　ｔｏ　ｆａｃｅで面接して、体験された情報や知識を聞くことが大切と思う。もちろん、個人の記憶違いや勘違いなどはあると思うが、それは他の方へのヒアリング、当時の新聞記事などで補完し、より正確な歴史を残したい。それが本書の最大の意義ではなかろうか。

細谷氏にはトヨタ博物館開館当時から、文字通り１００年以上前に製造された収蔵車から、１９７０年のトヨタターボ７まで運転いただき、記録に残している。特に古いクルマは、スイッチやペダル、ハンドルも標準化されていなく、それぞれの操作方法が異なる。また、劣化し不具合箇所も多く、異常や危険を察知できる細谷氏だからお願いできたのだろう。

最近では、トヨタ２０００ＧＴの人気が高く、ボンドカーやトライアル車も含めて、講演会などをお願いしていて感謝に絶えない。

細谷氏の今後の活躍にますます期待したい。

２０１６年７月27日

杉浦孝彦

協力

自治体・法人など
トヨタ博物館
尾道市観光課
山陽日日新聞社
ロッキーオート
ビンテージカー ヨシノ
株式会社講談社ビーシー
株式会社カーグラフィック
株式会社 芸文社
株式会社三栄書房
株式会社カーゾーン
BNI匠チャプター　TEAM車の匠
三妻自工 Blog (http://mizma-g.cocolog-nifty.com/)
アトリエ　シトロエン
小川精機株式会社

個人
高木英匡（トヨタ2000GT開発）
松田栄三（トヨタ2000GT開発）
三本和彦（友人代表）
大久保力
岡本節夫
橋川和博
手塚弘三
内海武彦
加藤俊介
伊藤和広（トヨタ2000GTオーナー）
金田克久（トヨタ2000GTオーナー）
原　廣一（トヨタ2000GTオーナー）

※個人名の肩書き・敬称は略しております。ご了承下さい。

参考

書籍	著者／製作など	出版社など
TOYOTA2000GT	吉川信	K.A.I
名車を生む力 時代をつくった3人のエンジニア	いのうえ・こーいち	二玄社
激闘'60年代の日本グランプリ	桂木洋二	グランプリ出版
サーキット燦々	大久保力	三栄書房
ぼくの日本自動車史	徳大寺有恒	草思社文庫
豊田章男が愛したテストドライバー	稲泉連	小学館

雑誌・情報誌	出版社など
CARグラフィック　'70-01	二玄社
Racing on 古の日本グランプリ	三栄書房
ベストカー　2014・10・26号、 2014・11・10号、2014・11・26号、 2014・12・10号、2016・6・10号	講談社ビーシー
カーゾーン　燃費世界一にチャレンジ！	カーゾーン

雑誌・情報誌	制作・企画	販売
流線の彼方	監督関谷研一	キングレコード
TOYOTA 2000GT	音速movies	リバプール
世界記録への挑戦　TOYOTA2000GT スピードトライアル1966	トヨタ自工・トヨタ自販	岩波映画製作所

サイト	アドレス
GAZOO よくわかる自動車歴史館	https://gazoo.com/car/history/Pages/topic_list.aspx
トヨタ自動車　75年史	http://www.toyota.co.jp/jpn/company/history/75years/

トヨタ2000GTを愛した男たち

2016年9月18日　初版発行

著　者　TEAM TOYOTA キャプテン 細谷四方洋
制　作　エーディーウェーブ株式会社
発行所　株式会社　三恵社
〒462-0056 名古屋市北区中丸町 2-24-1
TEL 052-915-5211（代） FAX 052-915-5019
http://www.sankeisha.com/

Printed in Japan
ISBN978-4-86487-564-6 C0060 ¥1500E